ぶらりあるき
お酒の博物館

Sake

Museum

中村　浩
Hiroshi Nakamura

芙蓉書房出版

南部杜氏伝承館（岩手）

賀茂鶴酒造（広島

男山酒造り資料館（北海道）

サントリー　ウィスキー博物館（山梨

霧の蔵ミュージアム（宮崎）

池田ワイン城（北海道）

宮水発祥之地」の石碑（灘五郷）

日本酒造りの道具
（吉乃川酒造　酒ミュージアム、新潟）

蒸し米・釜屋
（白雪ブルワリー・ミュージアム、伊丹）

甑取り（白鶴酒造資料館、灘五郷）

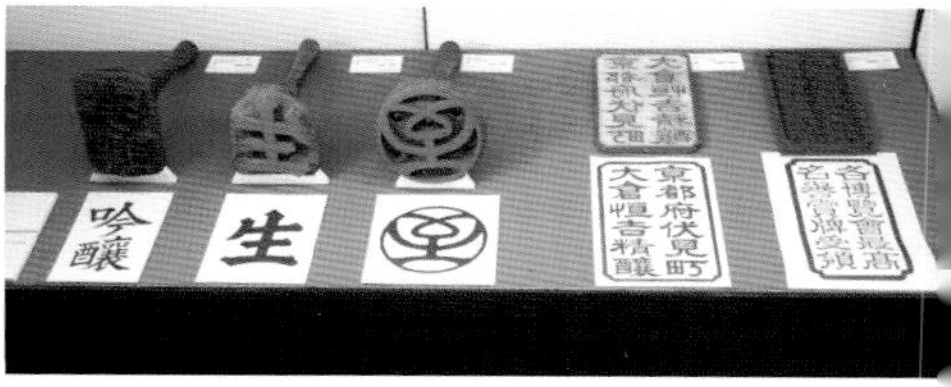

焼き印と印判
（月桂冠大倉記念館、伏

仕込み風景
（白鹿記念酒造博物館、灘五郷）

古式蒸留機（通称チンタラ）
（田苑酒造　焼酎博物館、鹿児島））

木樽蒸留機な
（濱田酒造　伝兵衛蔵ミュージアム、鹿児島）

フランス製の蒸留
（池田ワイン城、北海道

ワインの樽貯蔵
（サントリー登美の丘ワイナリー

明治時代のビール造り
（サッポロビール博物館、北海道）

スーパードライについてのパネル展示
（アサヒビール・ミュージアム、大阪）

ポットスチル
（ニッカミュージアム、北海道）

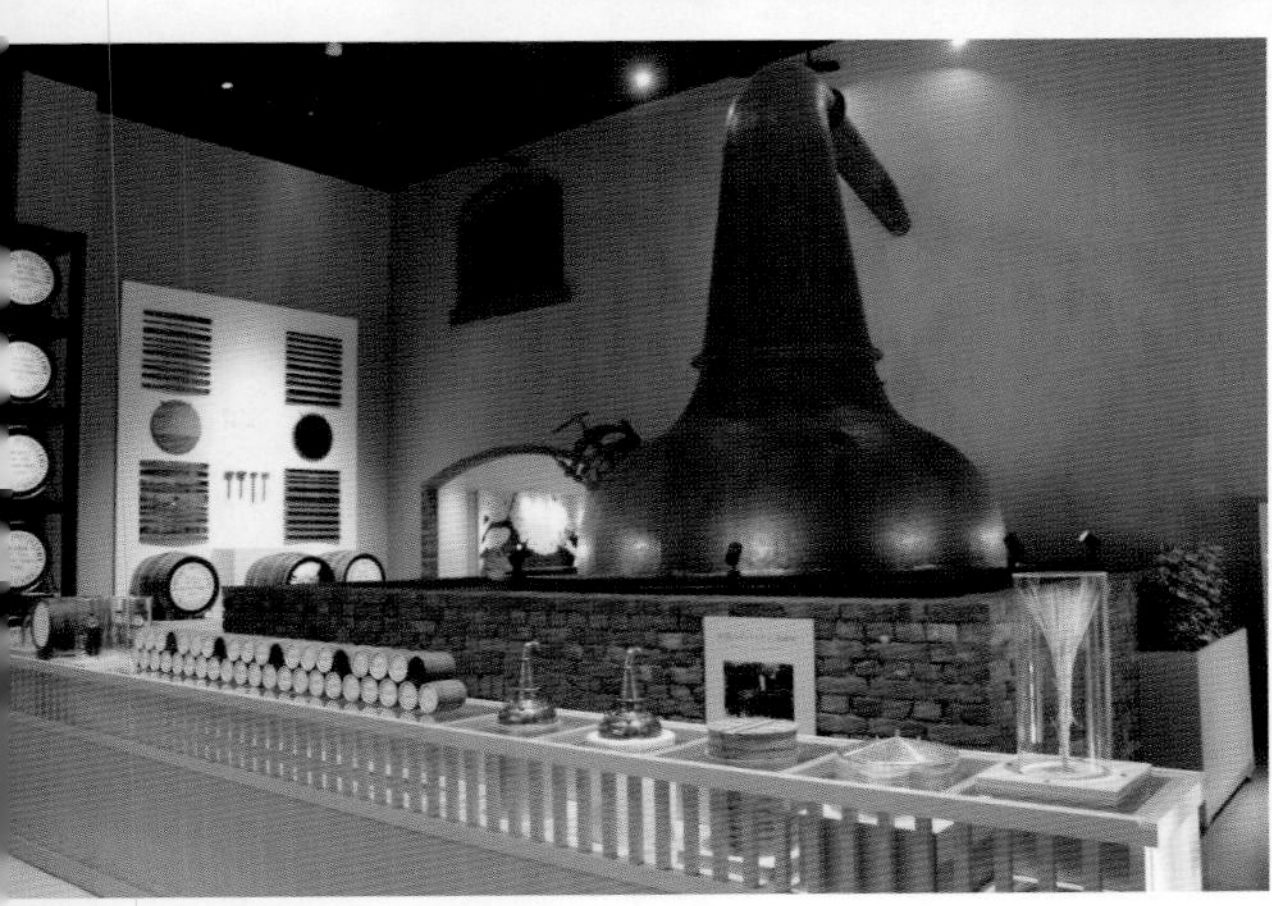

単式蒸留機ポットスチル
（サントリー　ウィスキー博物館、山梨）

はじめに

人類とお酒の付き合いの歴史は古く長い。古代の文献『魏志倭人伝』にも「人性嗜酒」とあり、すでにこの時代からお酒が飲まれていたようです。

世界各地にはさまざまなお酒がありますが、私たちが日本で飲んでいるお酒といえば、日本酒、焼酎・泡盛、ワイン、ビール、ウィスキーなどが一般的です。

それらの酒造りがわかる日本各地の展示施設（博物館・資料館）、醸造の現場（工場・酒蔵・ワイナリー）を、ぶらりぶらりと訪ね歩いてみました。

博物館の分類に従えば「産業博物館」「企業博物館」という分野になりますが、一口に酒造りの公開施設といってもさまざまです。企業価値を上げるための広報活動の一環として、あるいは社会貢献活動の一つと位置づけるもの、製品のアンテナショップ的性格のもの、あるいは企業の歴史を紹介するためのものなどがあります。また最近では生産工程を広く知ってもらうことのできる「工場見学」もブームになっており、公開に積極的な企業が増えているようです。

酒造りの工程などは似ているところが多いのですが、酒蔵ごとの独自の工夫や酒造りへの想い、時代の変化への対応などが微妙に異なるところもあります。

私は、考古学・博物館学の研究者として、日本各地、世界各国の博物館を見てきました。その記録として『ぶらりあるき博物館』シリーズをまとめてきました。その折々に「お酒」に特化した博物館・資料館を訪れ・酒蔵工場見学にも出かけていました。本書に取り上げたところは二〇一三年頃から取材を始めましたが、新型コロナウイルス感染症蔓延によって行動制限され、博物館・資料館の多くが休館となり、工場見学も中止となりました。長引くコロナ禍で、再開を断念して廃館した施設もありましたが、一方でこの休止期間を利用して展示を大幅にリニューアルした施設もあります。本書をまとめるにあたり、できるだけ再取材して最新の情報を取り入れましたが、再訪の機会が得られず訪問時の様子を記載したものもあります。また、すでに閉鎖・休館した施設やリニューアル前の施設についても、当時の様子を知っていただきたくあえて掲載したものもあることをご容赦ください。

また、本書に取りあげたところのほかにも、お酒に関する展示施設は日本各地にたくさんあります。本書をきっかけに、そうした施設に関心をもっていただければ嬉しい限りです。

ぶらりあるき　お酒の博物館　目次

北海道

焼酎・泡盛の博物館

鹿児島・本格焼酎

ワインの博物館

ビールの博物館

ウィスキーの博物館

日本酒の博物館

酒造りのすべてを取り仕切る専門職の責任者が杜氏《とじ》と呼ばれています。一般的に土地が乏しく、夏季の耕作のみでは食べていけないという貧しい地方の農民が冬に副収入を得るべく酒どころへ出稼ぎに行ったのが始まりです。

酒造りが四季醸造へ移行していったことや、一七五四（宝暦四）年に出された勝手造り令以降、このような出稼ぎが増加していきました。生産の拡大により多くの人出が必要となった造り酒屋と、少しでも農閑期の収入を得たいという農民の間で利害が一致したからでした。こうして杜氏集団が形成されますが、出稼ぎの杜氏の中には、その働きぶりが認められて造り酒屋の当主と養子縁組をする者や暖簾分けによって独立する者、さらには酒株を求めて自ら造り酒屋を開いた者もいました。

杜氏集団は日本各地に見られますが、最も強い影響力をもっていたのは日本三大杜氏と呼ばれる集団です。北から南部杜氏（岩手県）、越後杜氏（新潟県）、丹波杜氏（兵庫）です。各地のお酒の博物館を紹介する前に、伊丹、伏見、灘などの酒造りを支えてきた丹波杜氏の記念館を見てみましょう。

❖丹波杜氏酒造記念館（兵庫県丹波篠山市東新町一―五）

兵庫県東部の山間の城下町篠山《ささやま》にある切妻造り二階建ての土蔵造り風の建物がこの記念館です。正面右手にある「丹波杜氏顕彰碑」と刻まれた大きな酒桶は、篠山城四〇〇年記念に建造されたモニュメントです。

丹波杜氏の始まりは、一七五五（宝暦五）年に池田大和屋本店の杜氏となった庄部右衛門とされています。多紀郡の村々の出身が多く、江戸時代には池田や伊丹の酒造蔵元に出稼ぎをし、元禄期の伊丹の銘酒の多くは、丹波杜氏が造り出したとされています。やがて灘の銘酒の大半を造り上げたばかりでなく、全国へ造酒指導に出かけるようになり、地方の酒の原型を造りました。

丹波杜氏酒造記念館

このように輝かしい歴史と伝統を有する丹波杜氏ですが、その歩みは決して順風満帆なものではありませんでした。酒造りのための出稼ぎが盛んになると、篠山の地主は労働力確保が困難となり、従来のように米を生産することができなくなったため、藩主は一七六七年に出稼ぎを禁止することにしました。これに対して農民の怒りは大きく、一揆勃発寸前までいったのですが、市原村の清兵衛がこれを暴挙として戒め、自ら交渉役を買ってでます。清兵衛は藩庁に直訴しますが取りあげられなかったため、一七七四年江戸に上り藩主忠高に越訴におよびます。清兵衛は罪人として入牢を命じられます。ようやく二年後に直訴の効果があらわれ、秋彼岸から春三月までの出稼ぎが解禁され、夏場三〇日間の労働も許されるようになりました。清兵衛は一七八一年に赦免され、村人たちに温かく迎えられたといいます。やがて年貢米の量に対して二回目の越訴も企てましたが藩の知るところとなり、清兵衛は刺客に殺害されました。

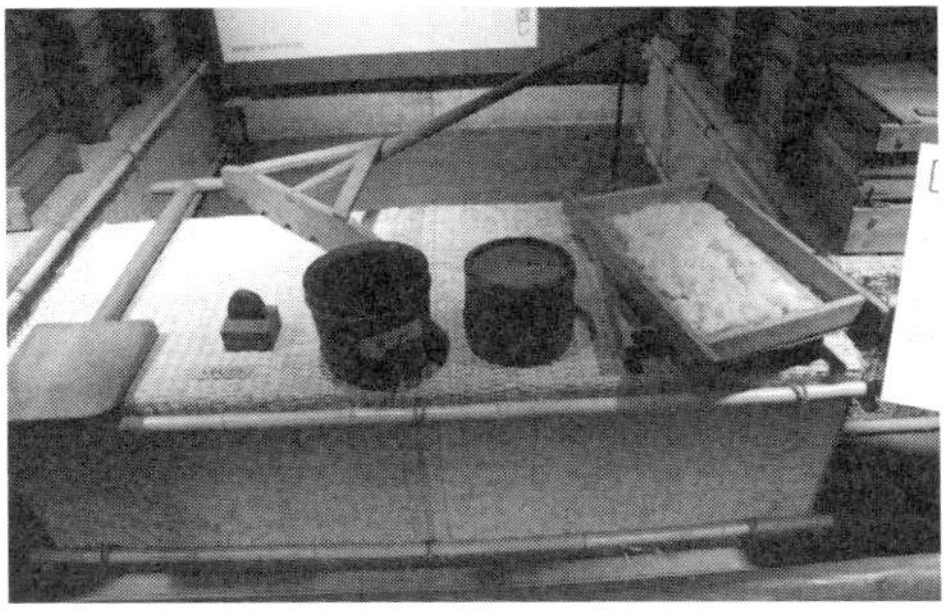

酒造道具

清兵衛顕彰碑

酒桶

展示室

丹波杜氏が造った
銘酒のミニチュア菰樽

清兵衛の遺徳を偲ぶ顕彰碑が篠山城内にあり、秋の杜氏結団式の際、この碑に詣でるのが習慣となっています。

記念館内には丹波杜氏によって支えられた酒造の名前入りのミニチュア菰樽《こもだる》がまとめて展示され、さらに各蔵元に派遣されている杜氏の氏名と写真パネルも掲げられています。

また、昔ながらの歴史と伝統による手造りの銘酒の醸造工程を道具類とともにわかりやすく説明した展示や、過酷な労働の様子、酒造りにかけた杜氏の情熱を紹介しています。

丹波杜氏発祥の地、丹波篠山にある一七九七（寛政九）年創業の**「鳳鳴酒造」**を訪れました。酒蔵見学施設「ほろよい城下蔵」が二〇〇一年にオープンしました。玄関口周辺はかつて帳場だったところで、江戸時代のたたずまいが残っています。また酒蔵建物、仕込み蔵などが二〇〇三年に国指定登録文化財になっています。

鳳鳴酒造は、「鳳鳴」「笹の露」のほか、音楽振動醸造酒「夢の扉」という珍しいお酒も造っています。

酒蔵では、清酒の製造工程のパネル展示と、洗米場や釜場、麹室などで使っていた酒造り道具類を見学することができます。

ほろよい城下蔵

城下蔵糟場

日本酒の種類

日本酒の種類は原料や製造方法で区分すると、「吟醸酒」「大吟醸酒」「純米酒」「純米吟醸酒」「純米大吟醸酒」「特別純米酒」「本醸造酒」「特別本醸造酒」の八つになります。

これらは、価値やランクで分けられたものではありません。**吟醸酒**と**大吟醸酒**の違いは精米歩合の差です。精米歩合とは玄米を削って残った分の割合を示すもので、精米歩合四〇%とは玄米を六〇%削って残った四〇%を原料として使うということです。吟醸酒の場合は精米歩合六〇%以下、大吟醸酒の場合は五〇%以下と規定されています。このように米を削ることを「米を磨く」とも表現します。原料となる米をより精米することで、酒の雑味がなくなり、よりクリアな味わいになるとされています。「フルーティー、さわやか」などと表現されることもあります。

純米酒は、精米歩合六〇%以下の白米、米麹及び水を原料として造ったお酒で、香味及び色沢が良好なものです。文字どおり米だけで造られたお酒です。**特別純米酒**は、純米酒の中でも香味、色沢が特に良好なものをいいます。**本醸造酒**は、精米歩合七〇%以下の白米、米麹、醸造アルコール及び水を原料として造ったお酒で、香味及び色沢が良好なものです。さらに香味及び色沢が特に良好なものは**特別本醸造酒**となります。

そのほか製法上の特徴によるものがあります。

「**生酒**」は、もろみを搾っただけの生まれたままの日本酒です。酒蔵でしか味わえなかったフレッシュな美味しさをそのまま詰めたもので、純米生、吟醸生などいろいろなタイプの生酒があります。「**生貯蔵酒**」は、搾り立ての日本酒をそのまま低温で貯蔵し、出荷時に一度だけ加熱（火入れ）したものです。生の風味がそのまま残っていて、いつでもフレッシュでおいしいお酒です。火入れ貯蔵した酒は、程良く熟して品質が安定します。熟した酒を加熱（火入れ）せず、ビン詰め出荷した日本酒が「**生詰酒**」です。また自社の工場で造った自醸の純米酒を「**生一本**《きいっぽん》」と呼びます。

一般の市販酒は搾った日本酒に水を加えてアルコール分を調整してありますが、「**原酒**」は水を加えていないのでアルコール分は高く、一八～二〇度もあり、風味は濃く芳醇です。

「**おり酒**」は、にごり酒に似ていますが製法がちょっと違います。もろみを目の細かい布で、ていねいにこしても、どうしても微細な麹と酵母などが混ざり、タンクの底に沈殿します。これを集めて、白く濁ったままにしておいたのがおり酒です。

日本酒の温度と呼び方

夏の暑い時期には冷たく冷やしたお酒が好まれ、一方、寒い時期には熱く温めた燗酒《かんざけ》が好まれます。このように外気温に大きく影響されるお酒の適温ですが、古来から次のように呼ばれていました。

「**雪冷え**」はほぼ五℃。酒瓶を冷やし表面に結露が生じる。香りはあまり立たず、冷たい口当たりで味わいの繊細さがわかりにくいことも。「**花冷え**」はほぼ一〇℃。酒瓶を冷やし、瓶から冷たさを感じる。注いだ直後は弱く感じる香りが飲むうちに徐々に広がる印象。細やかな味わい。「**涼冷え**」はほぼ一五℃。酒瓶を冷蔵庫から出してしばらく経った状態。飲んだ時にはっきりとした冷たさを感じる。香りの華やかさ、味わいにとろみを感じる。「**室温**」はほぼ二〇℃。徳利を持つとほんのり冷たさが伝わる感じ。香りや味わいが柔らかい印象になるこの温度は日本家屋の土間の温度です。「**日向燗**」はほぼ三〇℃。飲んだとき熱さや冷たさを感じないような温度。酒の香りが引き立ち、なめらかな味わいに。「**人肌燗**」はほぼ三五℃。飲んだとき「ぬるい」と感じる温度。米や麹の良い香りが楽しめ、さらりとした味わいに。「ぬる燗」はほぼ四〇℃。飲んだとき「熱い」というより「温かい」と感じる。体温と同じくらいの印象。酒の香りがもっとも豊かになり、味わいに膨らみを感じる。「上燗」はほぼ四五℃。徳利やおちょこを持つ時やや熱さを感じる。酒を注ぐと湯気がたつ。酒の香りが引き締まり、味に柔らかさと引き締まりが感じられる。「あつ燗」はほぼ五〇℃。徳利から湯気がたつ。徳利やおちょこを持つと熱く感じる。酒の香りがシャープになり、切れ味の良い辛口になる。「飛びきり燗」はほぼ五五℃。徳利やおちょこを持てないほどではないが、持った直後にかなり熱く感じる。酒の香りが強くなり、辛口になる。

（以上、日本酒造組合中央会ＨＰより　ttps://japansake.or.jp/sake/about-sake/classification-of-sake/)

京阪神《伊丹・伏見・灘》

伊丹

（兵庫県伊丹市）

伊丹郷町《ごうちょう》の起源は、一五七四（天正二）年に有岡城主になった荒木村重の城下町にあるとされています。村重の伊丹支配は天正七年十一月までの短期間でしたが、この頃に形成された町がその後の発展の基礎となりました。

清酒発祥の地といわれる伊丹の酒造りは、酒造家三六人を数えた十七世紀末に第一の盛期を迎えました。十八世紀後半には江戸入津量で灘に大きく差をつけられますが、十八世紀末に再び盛期を迎え、文化・文政期の最盛期に至ります。当時の酒造家の量は六二人、酒造株一五五株、酒造株高一〇万三九二五石余りとなっています。

天保の改革によって酒造量は減少し、幕末には銘醸家が徐々に消えていき、一部酒造家による寡占状態になっていきました。現在の市街地にはかつての酒造家の旧岡田家住宅が残っているほか、小西酒造ほか老舗の蔵元が今でも酒造りを続けています。

かつての酒造家の旧岡田家住宅

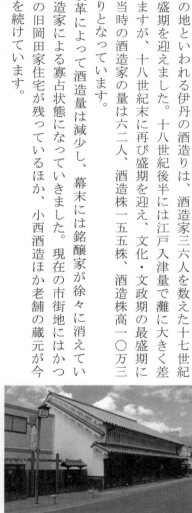

有岡城跡、伊丹郷町遺跡の発掘調査の成果によると、伊丹郷町期（天正一一年～明治時代中期）については以下のようにまとめられています。

伊丹郷町の基幹産業である酒造業の発展は、発掘された酒蔵の竈や酒搾りの槽場遺構などからつかめる。最盛期は江戸中期の元禄年間から享保年間（一七世紀末から一八世紀前半）と江戸後期の文化文政期（一九世紀初頭）である。また、伊丹郷町の町人たちのくらしも、酒造業による経済発展とともに向上していったことが、さまざまな遺構や出土品からわかる。（川口宏海「有岡城跡・伊丹郷町遺跡の考古学的成果」『ヒストリア』二〇六、二〇一四年）

酒造業が盛期をむかえるのと遺構・遺物の大きな様式変化が対応しており、酒造業の発展により、伊丹郷町は経済的発展を遂げ、それが都市域の拡大と生活様式の変化をもたらしたのである。

❖白雪ブルワリービレッジ長寿蔵
ブルワリー・ミュージアム（兵庫県伊丹市東有岡二―一三）

一五五〇（天文一九）年、伊丹で薬種業を起こした小西家が清酒造りをはじめたのは一六一一（慶長一七）年頃のこととされています。一六三五（寛永一二）年頃、二代目の小西宗宅が酒樽を馬の背に積んで運んでいた途中、ふと目にした雪を頂いた気高い富士の姿に感銘し、自身の清酒にそのイメージを重ねて。「白雪」と名付けたそうです

当時江戸では、惜しみなく精白米を用いた「伊丹諸白《もろはく》」の人気は上昇す

白雪ブルワリービレッジ長寿蔵

る一方で、伊丹の酒を総じて「丹醸」と称されるなど、特別な存在感を誇っていました。そこで高まりつつある需要に応えるべく、樽廻船を使用した「下り船」と呼ばれる大量輸送が始まります。人口が増加し、ますます酒の需要が拡大する江戸で確固たる地位を築いたのです。

一六九七（元禄一〇）年、伊丹郷町の「惣宿老制度」が設けられ、四代目新右衛門（霜巴）は惣宿老の一人に任命され、帯刀を許されます。六代目新右衛門の時代には小西姓を名乗り始め、七代目新右衛門（宗脩）の時、一七八六（天明六）年に修武館を開き、剣道、なぎなたの稽古に励む土壌がうまれました。十代新右衛門（業広）は領主近衛家の庇護の元、惣宿老として町政に参与し、維新後は新政府の公職についています。

なお二〇二〇（令和二）年に創業四七〇年の節目を迎えた小西酒造は、一五代当主小西新太郎が第一五代小西新右衛門を襲名しました。

この小西酒造の酒蔵を改造したミュージアムが長寿蔵ブルワリー・ミュージアムです。一九九五（平成七）年にオープンしました。二階建て建物の一階はレストランとビール工房、二階が「白雪」に関する博物館になっています。

天井から吊り下げられた大きな杉玉を見ながら進むと、正面に「伊丹の酒造り」の工程が展示されています。

まず**洗米・洗い場**の展示です。早朝、井戸から水を汲みハス桶に貯めることから始まります。ここにはハス桶、踏み桶、測り桶、ゴンブリ、洗いセイロなどの道具類がところ狭しと並べられ、またガラスビーカーに入れられた米の精米見本も見ることができます。次に**蒸し米・釜屋**です。甑《こしき》をセットした釜屋のジオラマがあり、藁《わら》製の甑靴、かい割（醱割）、飯布、ムシロなどの道具が置かれています。

第三段階は**麹仕込・室**で、麹室の小型のジオラマと麹蓋、ツメ、盛枡などが展示されています。第四段

日本酒の博物館（伊丹）

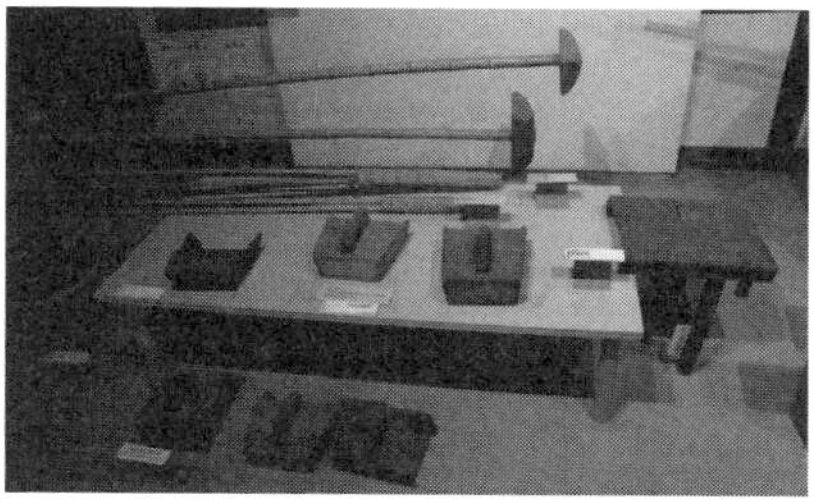

もろみ仕込み・大蔵

洗米・洗い場

しぼり・槽場

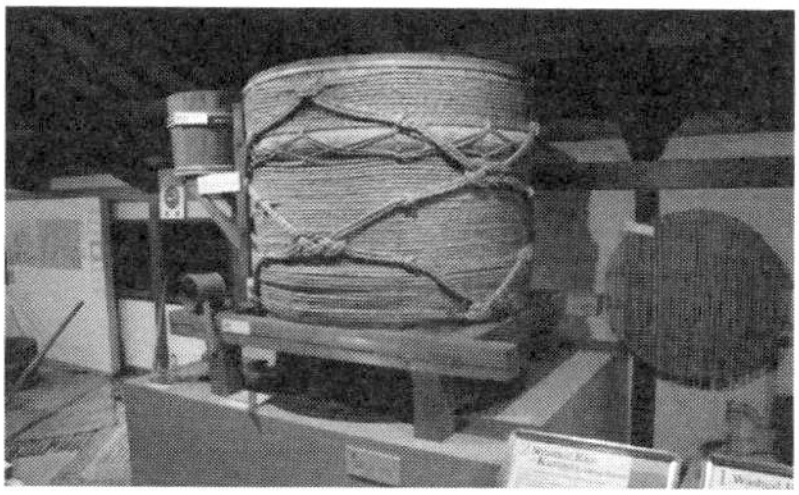

蒸し米・釜屋

しぼり・槽場

展示室

菰樽の展示

麹仕込・室

階の**酛仕込・酛場**には酛半切、暖気樽などが置かれています。第五段階は**もろみ仕込み・大蔵**です。ここには、かすり、泡消し、醗卸桶、三尺桶、泡サジ、タメ桶などが置かれています。

第六段階は**しぼり・槽場**で、ここでもろみを圧搾して酒と糟にわけます。酒槽をはじめ酒槽のカサ、キツネ台、渋袋、盤木、押蓋、重し石などをはじめ作業の中心を担ったはね棒（締木・天秤）の実物が展示されています。

第七段階は**滓引・火入れ**です。白雪の木製の看板と、菰《こも》被りの樽が展示されています。酒槽の銚子口から流れ出る酒は壺に受けてから入口桶に移されます。この壺を垂壺と呼びます。現在はホーローのタンクですが、かつては陶器製でした。このほか様々な木製の桶も展示されています。

第五段階と第六段階の間に「トリック・アートの世界」という展示があります。またその前には昔の酒つくりの様子がジオラマによって表現されています。

「トリックアートの世界」

かつて屋根に乗せられていた鬼瓦

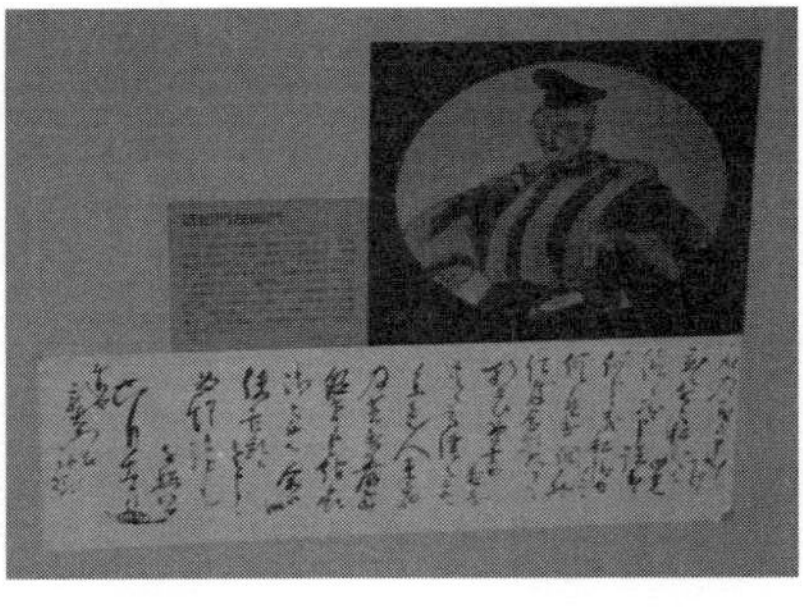
井原西鶴の書

日本酒の博物館（伊丹）

木製の古い看板が多数並べられ、白雪ブランドの酒が何種類も置かれています。小西酒造の屋根に乗せられていた鬼瓦の展示もあります。一五五〇年以降二〇〇〇年までの歴史年表が「白雪の出来事」としてパネル表示されています。

展示の最後のレファレンス・ルームは関連の書籍が集められたミニライブラリーです。江戸時代から白雪と文化人の関わりは深く、とくに頼山陽は伊丹を愛し、小西家にもたびたび訪れ多くの書画を残しています。「杯白雪酩黄泉、千秌歓酌芙蓉霞」の白雪讃辞は今もラベルの傍書になっています。樹齢三百年を超える欅の板に「白雪」と揮毫したものの拓本も掲示されています。また四代目当主との交流があったとされる井原西鶴をはじめ多くの文人との交流についても展示されています。

伏見

（京都市伏見区）

京都の伏見はかつて「伏水」とも表記されたように、良質の水が湧き出る地でした。この名水を利用して酒造りが盛んになり、江戸時代初期の一六五七（明暦三）年の酒屋名簿には造り酒屋（酒造株）は八三軒を数え、醸造量は一万五千石を誇る日本国内有数の産地でした。

しかしその後、幕府による「株改め」が一六六五（寛文五）年、一六七九（延宝七）年、一六九七（元禄一〇）年に実施され、その都度、酒造制限の命令が出されました。その結果、酒造家の数は一七八四（天明四）年には三九軒、一八三三（天保四）年には二七軒と激減してしまいました。

さらに江戸末期の一八六八年（慶応四）夕刻より下鳥羽付近で、街道を封鎖する薩摩軍と上洛しようとする幕府軍とが衝突しました。鳥羽では幕府軍の指揮官の不在と逃亡で混乱が起こり、伏見では薩摩軍が御香宮に布陣し、幕府軍の拠点である伏見奉行所を攻撃しました。この時、大手筋南側の市街地はほぼ全焼しました。

やがて明治に入ると、かつては淀川の水運を通じて栄えた伏見は、鉄道の敷設により交通の要地としての性格を失い、衰退の一途をたどったのです。一方、この新しい交通手段に着目して逆鏡を乗り越え、東京進出に活路を見出した大倉恒吉らがいます。

日清・日露戦争による戦後の好景気、加えて一九〇八（明治四一）年には、伏見に歩兵三八連隊、騎兵連隊、砲兵連隊、さらに第一六師団司令本部が設置されると、酒造業がこれに反応し活況を呈することとなります。伏見の酒の銘柄に軍隊好みの名前が登場するのもこの頃からです。

代表的な例としては、一九〇五（明治三八）年、日露戦争勝利を期して大倉酒造では、鳳麒正宗から月桂冠と変更されたことがあげられます。さらに月桂冠は明治四四年の全国清酒品評会で最優秀賞に選ばれ、ほかの伏見の酒も入賞するなどし、一躍伏見の酒が全国に認められるようになりました。

現在は、関西二府四県の日本酒の出荷量は全国の約半分を占めています。その中でも大きな産地は兵庫の灘と京都伏見です。二〇世紀に入り伏見の酒は品質が飛躍的に向上し、全国に販路を広げ、日本一、二位を争う日本酒の生産地となりました。

伏見の玄関口、京阪電鉄中書島駅を降りると、「名酒のまち」らしい案内が出迎えてくれます。

❖月桂冠大倉記念館

（京都市伏見区南浜町二四七）

いかにも蔵元らしい建物が残る伏見の中でひときわ目立つのが、一六三七（寛永一四）年創業の月桂冠大倉酒造の建物です。

資料展示が行われている蔵の前方には酒水の井戸があり、今もなおこんこんと水が湧き出しています。この井戸は、一九六一（昭和三六）年に掘りなおされたもので、地下五〇ｍからの水は現在も隣接する酒蔵で使われています。「さかみづ」という名は「栄えた水」とともに、古くは酒の異名でもあったとされています。

新型コロナ感染防止のため様々な命令が出されるなか、記念館は臨時

中書島駅構内の案内

月桂冠大倉記念館

休館となりました。開館以来、年中無休で運営されてきたため大幅な展示リニューアルは行えなかったのですが、今回の事態を千載一遇のチャンスととらえ、全面的なリニューアルに踏み切ったとのことです。以下、二〇二〇年一二月のリニューアル後の展示内容を紹介します。

係員に案内され、月桂冠の酒造りのコンセプトや工程の映像を見たのち展示室へ向かいます。最初に大倉酒造の歴史が紹介されています。一六三七（寛永一四）年、初代大倉治衛門が京都の南部笠置から伏見に出て創業。屋号を笠置屋、酒銘を「玉の泉」と称していました。創業から二五〇年余りは主に地元の人、旅人を相手に商う小さな酒屋でした。大倉家の屋根の鬼瓦、笠木屋の屋号を示すマークが展示されています。

十一代当主大倉恒吉は研究所を創設し、酒造りに「科学」を導入します。樽詰め全盛の時代に「防腐剤なしのビン詰め」を発売し力を入れました。また東京市場への進出、洋式簿記を採用し経営の近代化にも取り組みました。

一九〇五（明治三八）年「勝利と栄光のシンボル月桂冠」を商標登録し、酒銘として使い始めました。当時は自然や地名などをもとにした銘柄が多かったので、ユニークな酒銘として注目されました。

水上交通で結ばれていた伏見と京都市街、大阪、奈良との間に明治になって鉄道が敷かれました。しかし伏見からの日本酒の輸送はまだ汽船による水上交通の方が優勢でした。鉄道はまだコストが高く、接続もよくなかったからです。しかし一八八九（明治二二）年に東海道線が全通し、二〇世紀に入り鉄道網の整備が進むと鉄道輸送のコストは下がり、効率面でも有利さを増していきました。一九〇〇（明治三三）年の売買仕切書には「朝日丸」などの船の名前と共に「汽車」の表記が見られるようになりました。伏見は内陸部に位置するという不利な地理的条件を克服するため、鉄道による出荷を積極的に進めました。

大倉恒吉の取り組んだ事業で注目に値するものに、日本酒メーカーとして初めて研究所を創設したこと

仕込み用の樽

洗米から蒸し米

しぼり・槽場
たれ口甕（壺）

焼き印と印判の型

菰樽造りの実演

があげられます。酒造りに科学技術を導入することで品質の大幅な向上に成功しました。

代々の社長が挑戦や創造の精神を暗黙知として受け継いできましたが、現社長大倉春彦は就任の際、基本理念として「品質第一」「創造革新」の精神、そして家族的な社風の表れとして「社員の一生を大事にする」、この三項目を明文化し、社員に浸透させています。新しいことに挑戦する、創造性を発揮するという精神は現在の経営方針に反映しています。

開発した新酒醸造技術により精密な醸造管理を実現し、確実においしい酒が造れるようになっています。また業界で初めて「火入れ」と呼ぶ加熱殺菌を一切せず生酒を常温で流通させる技術を開発し商品化したのも月桂冠で、しぼりたてのフレッシュで美味しい味わいの酒を一年中供給できるようになりました。

次の展示室は、かつて見られた酒造りの様子の展示コーナーです。リニューアル前はこのコーナーが大きなスペースを占めていましたが、リニューアル後、量的にはかなり少なくなりました。かつての迫力は見られないものの、実物を要領よく用いたジオラマで構成されています。

また菰樽《こもだる》に用いられた様々な焼き印や印判の型などがガラスケースに収められています。さらに、菰樽がピラミッド状に積み上げられ、菰樽造りの実演が行える舞台が用意されています。訪問当日、その実演は見られませんでしたが、大きな画面のビデオで作業風景を見ることができました。

展示を見終わって外に出ると、井戸からの湧水があり、係員の差し出すコップで味わいました。そして再び屋内に入ると利き酒コーナーがあり、自動販売機から酒が注がれるようになっていました。

井戸からの湧水が飲める

❖黄桜記念館・河童資料館（京都市伏見区塩屋町二二八）

「黄桜」といえばブランド・キャラクターの河童がすぐに思い浮かびますが、黄桜酒造は一九九五（平成七）年に「カッパカントリー」をオープンしました。黄桜の酒造り道具などを集めたカッパギャラリー、製品のすべてを集めたカッパ天国・黄桜商店、様々な料理が味わえるレストラン黄桜酒場などがありますが、この一角に黄桜記念館・河童資料館があります。

黄桜創業者の松本治六郎は、大正初期に実家の清酒製造業より独立し京都市中京区で酒販業をはじめます。昭和に入り伏見区塩屋町に酒蔵を移転し一九五一（昭和二六）年に㈱松本治六郎商店を設立。一九五五年から清水崑の河童をキャラクターとして採用、テレビCMを開始します。一九六四年黄桜酒造に社名変更、一九七四年にはキャラクターデザイナーが清水崑から小島功に引き継がれました。社名の黄桜は、サトサクラの一種で、蕾金桜とも呼ばれています、花は大きく、花弁の数は十枚から十五枚の八重、蕾は黄色または淡紅黄色、開けば淡黄緑色になります。花の色が珍しいためか北アメリカやヨーロッパでも植えられています。創業者がこの花のもつ独特の雰囲気を愛し、商標に「黄桜」を採用したのがそのはじまりであると解説されています。

黄桜酒造カッパカントリー

黄桜記念館は、黄桜酒造の酒造りを広報するための施設です。入口には三浦布美子がイメージガールだった頃の黄桜のポスターがあり、その下に菰《こも》被り三個が置かれています。さらに進むと黄桜の全ての商品が並べられ、日本酒と地ビールの製品工場の紹介ビデオのコーナーへと続きます。

酒造り道具の展示

ジオラマ劇場「昔の酒づくり」

酒に関するうんちくが記されたパネル展示では、「京都伏見の酒」「日本酒の種類」「日本酒の味わいと選び方」「日本酒の飲み方」「日本酒の飲み方をひと工夫」「日本酒と料理の相性」「日本酒で美容・健康とサポート」「日本酒の上手な保管法」など、イラストや表でわかりやすく解説されています。

壁際には酒槽が置かれ、大きめの金属板の黄桜の看板が立てかけられています。

酒造り道具が集められています。製造に使用する水半切、洗半切、上半切などがあります。鬼棒、棒櫂、たぬき、きつね、試桶、にない桶、飯だめ、小判桶、盛枡、水樽、麹蓋、半切桶、休座、暖気樽、水桶、かき桶、ぐり枡、手かぎ、さる、つめ、よだれかけ、かすり、飯割りなど様々な道具がまとめて展示されています。

次の建物への間に「伏水《ふしみず》」の案内があります。井戸の深さは約六〇m、ナトリウム、カルシウム、マグネシウムなどのミネラル分を適度に含み、これが伏見の清酒特有のまろやかな口あたりを生み出しており、酒造りにはなくてはならない生命の水として大切に守られています。豊かな伏流水に恵まれた伏見の街を開いた豊臣秀吉は伏見城内に「金名水」「銀名水」と呼ばれる井戸を掘り、茶会を催したといわれています。

次の建物では、酒造りの工程と黄桜酒造の歴史についての展示とビデオ上映があります。酒造りの工程をわかりやすく展示したジオラマ劇場「昔の酒づくり」では洗米、蒸米、放冷、麹づくり、酛づくり、もろみづくり、上槽（搾り）の七つの工程がコンパクトに解説されています。

清酒工場には酒母タンク（七〇〇リットル容）が二八本、酒タンク（四キロリットル容）が三本、醗酵タンク（九キロリットル容）が二二本、上槽した生酒を入れる入れ口タンク（九キロリットル容）が一一本あります。ここからは八基の入れ口タンクが見えます。十一月から四月にかけて、しぼりたての生酒を約一週間貯蔵し、次のろ過工程へ移動します。八基のタンクの生酒を一・八リットル瓶に換算すると、四万本にのぼります。

黄桜とカッパ（河童）は、清水崑とのつながりによるものです。当時の社長が、ほのぼのとした雰囲気の「崑カッパ」と「誰にでも親しめるおいしい酒」という黄桜の精神が合うものと感じ、ブランド・キャラクターとしての使用を申し入れたことに始まります。

数年かけての交渉の末ようやく承認が得られ、一九五五（昭和三〇）年の「書初め」を初仕事として以来、カッパと黄桜は切っても切れないイメージとして定着していきました。なお小島功が描く二代目の河童も初代同様人気キャラクターとして親しまれています。

カッパ（河童）は想像上の動物ですが、日本中にカッパをめぐる言い伝えは残っており、カッパに魅せられた収集家や学者、あるいは河童を店名にした商店主など想像以上にファンは多いようです。一九八八（昭和六三）年からは全国河童サミットが開催されているようです。

河童資料館には、「河童ネットワーク」という地図と全国にあるカッパ関連機関などがパネルで表示されており、実に奥が深いことがわかります。たとえば、天竜川のたもとにある駒ケ根市面白カッパ館（長野県駒ケ根市、一九九三年開館）は、河童に関する絵画や陶芸のギャラリーと、この地の伝説「河童の妙薬」の資料の展示、陶芸教室などが楽しめる施設となります。

このほかカッパの記念品やカッパのミイラなどの紹介が全国地図と共にパネルで掲示されています。またカッパのお守りとして、火消しかっぱ「があたろ」人形（長崎県）、水天宮カッパ面（絵馬、福岡県）、かっぱの面（嵯峨面、京都府）、河童大明神（お札、青森県）、禅師河童（山口県）などが、実物とともに紹介されています。ノートが置かれ、そこには「河童の祭」の記述文が綴じられ、紹介されています。規模的にはあまり大きくはありませんが、フィギュアや関連の資料をはじめ、文献などの資料も収集・展示されており、内容の濃い興味ある展示となっています。また、テレビＣＭの歴史も映像で見ることができます。

河童資料館入口

河童資料館の展示

灘五郷

（兵庫県西宮市、神戸市東灘区・灘区）

兵庫県南部の西宮郷、今津郷（以上西宮市）、西郷、御影郷、魚崎郷（以上神戸市）は、日本を代表する酒造地で、灘五郷とも呼ばれました。灘は北に六甲連峰、南は大阪湾を控える東西に長く帯状に拓けた土地で、冬期には明石海峡を吹き抜ける西風、また六甲おろしの寒風を受けます。風波が強く航海の難所を指す「灘」という地名となったのもうなずけます。

灘の酒造りは江戸時代の一六二四（寛永元）年からとされていますが、伝承的にはもっと古く一三三〇～四〇年頃から行われてきたともいわれています。

西宮は、江戸時代の灘五郷に含まれていませんが、それは西宮郷が他の郷に先駆けて所持地となり、大坂町奉行支配であったのに対し、他の郷は代官所支配であったからとされています。西宮郷が灘五郷に加えられたのは、下灘郷を覗いた地域で結成された「摂津灘酒造組合」が設立された明治一九年になってからのことでした。ちなみに灘三郷とは、今津郷、上灘郷、下灘郷であり、旧灘五郷は今津郷東郷、中郷、西郷で、現灘郷と現在地名では西宮郷、今津郷（西宮市）、東郷（魚崎郷―芦屋市）、中郷（御影郷―神戸市東灘区）、西郷（神戸市灘区）です。また下灘郷は神戸市中央区です。

酒造りの材料となる米、水、気候に加えて、製品流通に不可欠な水上輸送にも恵まれた灘は日本酒の名産地として全国に名を馳せ、現在でも大手、中小の酒造会社が集中する地域として知られています。

国道43号線沿いの西宮市久保町に、灘の酒造りに欠かせない名水を供給する井戸が集中する宮水《みやみず》地帯があります。「百の蔵から歌声もれる。いつものどかな酒の町」と、かつて西宮音頭にうたわれたこの地域の酒蔵も戦争によって大半が灰燼に帰してしまいましたが、灘の酒造りの命ともされる宮水は、昔と変わることなく湧き続けています。井戸場から汲み出された宮水は、灘の酒蔵へと運ばれています。

この井戸場の中心に「宮水発祥之地」の石碑が建っており、その周りに白鹿、沢の鶴、大関、菊正宗、日本盛をはじめ各酒蔵専用の井戸場があります。

酒造りには白米の使用量の二倍から二・五倍もの水が必要です。おいしいお酒には良い水が必要とされる所以です。江戸時代の酒は「秋落ち」と呼ばれ、夏を過ぎると味が悪くなったようですが、灘の酒は秋になっても味がさえ「秋晴れ」と呼ばれていました。なぜそうなるのか、魚崎と西宮で造り酒屋を営んでいた山邑太左衛門は一八四〇（天保一一）年に、それは仕込み水の違いであることを発見しました。以来灘の酒造家はこぞって井戸を掘り、この宮水（「西宮の水」が略された）を用いるようになりました。ちなみに、はね釣瓶という道具で水を汲んで宮水を売る「水屋」という専門業者もありました。

宮水は、戎・札場筋・法安寺の三つの伏流水、すなわち地下水の強い流れが宮水地帯でブレンドされて

「宮水発祥之地」の石碑

宮水井戸のぼり

大関の宮水井戸場

白鹿の宮水井戸場

できています。このブレンドの結果、この宮水は、他の地域の酒造用水よりも、酵素の作用を促進するリン成分の量が約一〇倍と驚異的に多く、さらにカリウム、カルシウムも極めて多く、酒造りには害となる鉄分が極めて少ないという特徴を持っています。こうした特徴が名酒を育んだだけでなく、産地としての生産性も高めていったと説明板に記されています。

なお宮水地帯の井戸の水面は標高面からわずか二〜三mのところで、海水面とほぼ変わらないことから海水浸透の影響を受けやすく、二度の危機に遭遇しました。第一の危機は明治末から大正期で、西宮港修築工事によって海水が浸透し塩素の含有量が激増しました。第二の危機は昭和九年秋、室戸台風が宮水地帯を直撃し、高潮で浸水し塩素含有量が増加しました。さらに人口増加に伴う揚水量の増加により、井戸水が枯渇したこともありました。そのため、大正一三年に酒造家は全町に上水道を寄付し宮水を守りました。その後、現在に至るまで各種の土木工事には、帯水層や水脈保全に最新の注意が払われています。

❖菊正宗酒造記念館

（神戸市東灘区魚崎西町一―九―一）

菊正宗酒造は一六五九（万治二）年、徳川四代将軍家綱の時代に、嘉納家が本宅敷地内に酒蔵を建て酒造業を開始したのがはじまりです。当時の灘はまだ大きな銘醸地ではありませんでしたが、一八世紀に入り、江戸で「下り酒」が人気になると、灘は急速に発展していきました。嘉納という姓については、井戸の水で造った酒を後醍醐天皇に献上したところ、ご嘉納（ほめ喜んで受け取るという意味）になり、この姓を賜ったという言い伝えがあります。

菊正宗酒造記念館

明治期に入り、八代目嘉納治郎左衛門（秋香翁）が、どうしても良い酒を造りたいとの信念のもと巨費を投じて、業界に先駆けた技術革新に取り組みました。「菊正宗」というブランドが商標登録され、海外輸出を拡大し、宮内省御用達となるなど、後年の発展の基盤となった時代でした。

昭和の混乱期にも品質の保持に努め、昭和二四年に業界新聞が実施した六大都市での調査では、「売りたい酒」「品質の良い酒」で菊正宗はいずれも三都市でトップ、総合でもトップの座を占めています。

菊正宗酒造記念館の門前では、三個の樽酒の菰被《こもかぶ》りが来館者を迎えてくれます。門をくぐると奥に記念館があります。途中の路地にある井戸には水を汲み上げるための撥《は》ね釣瓶《つるべ》も付いています。入口の左側には宮水運搬用の大きな木製タンクが置かれています。

かつての酒造記念館は、御影の本嘉納家本宅内に一六五九（万治二）年に建てられた酒蔵を、一九六〇（昭和三五）年に現在地に移築して、国指定重要有形民俗文化財「灘の酒造用具」などを展示公開していました。

一九九五（平成七）年一月一七日の阪神淡路大震災によって旧酒造記念館は倒壊してしまいましたが、幸いにも収蔵資料のほとんどが無事あるいは復元可能な状態で瓦礫の下から救い出されました。そして施設の建て替え工事を経て四年後の一九九九（平成一一）年一月二五日に復興オープンとなりました。生まれ変わった記念館は、地上二階建て、延べ床面積一四〇〇㎡、外観は本瓦葺の屋根をはじめ、外壁や塀を焼き杉張りにするなど伝統的な酒蔵の雰囲気が感じられます。また内部には旧酒造記念館の柱や梁が随所に使われています。

展示室入口には大きい注連縄《しめなわ》と杉玉、宮水の運搬に用いた大樽、酒を運んだ樽廻船や千石船の模型が置かれています。また、壁面には年表のパネル展示や「菊正宗」の看板が掛けられ、その下には円筒形の白磁製樽型瓶が十三個置かれています。

日本酒の博物館（灘五郷）

樽酒の菰被りがお出迎え

記念館ロビー

宮水運搬用の大樽

「会所場」の
ジオラマ

「麹室」のジオラマ

「会所場」のジオラマがあります。ここは会所部屋とも呼ばれ、蔵人が食事や休憩する場所で、畳敷きの部屋には五人分の箱膳、飯櫃などが置かれています。

酒造り工程の展示は「洗場」から始まります。ここでは主として洗米、浸漬などの原料処理が行われます。次が「釜場」で、こしき（米を蒸すための桶。蒸気熱による板のそりを防ぐために杉材の柾目板を使うのが一般的）が置いてあります。次の「麹室」にはジオラマ展示があります。麹蓋が積み上げられ、天井や側壁には断熱材が使われ、熱の損失を少なくする工夫がよくわかります。さらに酒母づくりの「酛場」や、大きな樽を囲んで棒を突きながら作業を行う添仕込み、さらにもろみ仕込みと続きます。工程ごとに大小の樽が置かれていますが、微妙な違いがあるようです。

また大きな木製の酒槽《さかふね》が置かれ、そこにかつての桿杆式《かんかんしき》（天秤式）の男柱に差し込まれた締木が設置されています。棹の先端部には重石《おもし》の石とそれを支える縄があります。

これら一連の酒造りに関する資料五六六点は、一九九九（平成一一）年十二月に国指定の重要民俗資料となりました。その資料を保存収蔵する文化財収蔵庫も内部が公開されています。その中の一つに「角《つの》樽《だる》」があります。角樽は室町時代頃から清酒用の容器として用いられてきたもので、長い柄が動物の角や耳に似ていることからこう呼ばれたとされています。古くは柄も胴も短いものであったのが、時代が新しくなるにつれて次第に長くなってきたそうです。角樽は主として御祝儀用に用いられ、婚礼用には嫁取りには朱塗り、婿入りには黒塗りが使用されました。語呂合わせで、「一升入りは一生、五合入りは繁盛」などと縁起が担がれました。

このほか、かつての建物の模型、屋根瓦、山田錦などの酒米のサンプルなどのほか、ぐい飲み、焼き印、昔のポスター類などが展示されています。

❖沢の鶴資料館　（神戸市灘区大石南町一―二九―一）

一七一七（享保二）年創業の沢の鶴は、米屋を営む初代が副業として酒造りを始めました。それ以来、米を見極める力を代々受け継ぎ、純米酒、米だけの酒にこだわり続けてきました。本物の純米酒を造り続けるという誓いも込めているのでしょう、沢の鶴のラベルには米の字を表す「※」マークが描かれています。

沢の鶴の酒名は、天照大神を伊勢にお祀りした時、伊雑の沢で頻りに鳥が鳴く声が聞こえたので、いぶかしく思った倭姫命がその声の主を訪ねたところ、真っ白な鶴がたわわに実った稲穂を咥えながら鳴いているのを見つけました。鳥ですら田を作って大神に供え奉るのかと深く慈しんだ倭姫命は、伊佐波登美神に命じてその稲穂から酒を醸させ、初めて大神に供え奉るとともに、その鶴を大歳神（五穀の神）と呼んで大切にした、という伊雑の宮の縁起がもとになっているとのことです。

沢の鶴資料館

沢の鶴資料館は一九七八（昭和五三）年に昔の酒蔵をそのまま利用して開館しました。一九九五（平成七）年一月一七日の阪神淡路大震災で全壊してしまいますが、震災の四年後に、同じ場所に再建されました。建物の周りには白壁作りの塀がめぐらされ、入口には沢の鶴の樽酒菰被りが十五個ピラミッド状に積み上げられています。注連縄、杉玉も吊り下げられ、酒造りの雰囲気が伝わってきます。

二階建ての資料館の一階は土間で、「洗米」のコーナーでは、水洗用の半切（桶）を井桁の上に置いて、手で洗う方法と足で米を洗う方法が紹介されています。素手、素足で行うこの作業は厳冬期には過酷な仕事であり、蔵人は交代で当たっていました。さらに蒸す、醪《もろみ》を造る工程、麹室のジオラマがあり、周りに

展示室

麹室のジオラマ

樽廻船の模型

角樽、祝樽、銚子などの酒器

は麹蓋が積み上げられています。やがて酛仕込みにはいります。

一階中央に「槽場《ふなば》」と呼ばれる遺構があります。館の再建に先立って行われた神戸市教育委員会による発掘調査で確認されたもので、もろみから酒を搾り取る作業場として江戸時代から昭和初期にかけて使われていました。渋袋《しぶくろ》に入れたもろみを並べる酒槽《さかぶね》と、絞った酒を受ける垂壺《たれつぼ》の構造が見られます。

二階は板敷で、主に小型の道具類が集められています。例えば「計る」というコーナーにはそろばんや箱尺、とんぼ尺、詰めじょうごなどのほか、底面に残るわずかな量も測れる「入実尺《いりみじゃく》」、掻きとる作業に使う「かすり」、混ぜる作業に用いる「じゃんぼら」、清掃作業に伴う箒や布巾、手洗い桶、ばいまわしなど、聞き慣れない道具もたくさんあります。

酒樽造りも重要な工程の一つです。材料の杉材や様々な道具類も集められています。

中央部には和船模型が置かれています。江戸時代、上方から江戸へ酒を運んだのは菱垣廻船、樽廻船と呼ばれました。

このほか角樽、祝樽、銚子、蒔絵道具や漆塗りの酒器、通い徳利、立杭焼き徳利器、ぐい飲みなども展示されています。またかつて使用されていたラベルや宣伝用ポスターなども見ることができます。

❖白鹿記念酒造博物館（酒ミュージアム）（兵庫県西宮市鞍掛町八—二一）

一六六二（寛文二）年、徳川四代将軍家綱の頃、初代辰屋（辰馬家の当時の屋号）吉左衛門が西宮の邸内に井戸を掘ったところ、その水が清冽甘美であったため、これを用いて酒造りの事業を始めたと伝えられています。「酒造りには樽がいる。ならば樽も作ればいい」。初代吉左衛門は酒造りと共に酒樽の製造も家業としました。初代吉左衛門のこの発想は辰馬本家酒造の事業展開の底流となり、その後、さまざまな事業へと発展していきます。
江戸中期に人気となった灘、西宮の「下り酒」、中でも創業以来江戸積を中心としていた白鹿の酒は、幕末には灘の銘酒として不動の地位を確立しました。樽廻船による江戸積から連鎖して回漕業や金融業を起こし、灘の酒造華から懇請され、「宮水」として良質であった居宅蔵の井戸水を販売し始めたのもこの頃でした。明治以降も常に技術の革新に取り組む白鹿は全国一の醸造高を記録し、業界に先駆けて海外に積極的に進出し、一九二〇（大正九）年には丹波杜氏梅田多三郎によって新醸造に成功、高級酒「黒松白鹿」が誕生しました。

灘五郷の酒造業は第二次世界大戦の戦災により大打撃を受けます。白鹿も五三蔵中三五蔵を焼失しますが、一八九四（明治二七）年に完成した美しい煉瓦造りの新田十番蔵（通称双子蔵）は奇跡的に残された蔵の一つでした。以来、現役として銘酒をはぐくみ続けた双子蔵も、一九九五（平成七）年の阪神淡路大震災による被害は甚大でした。

白鹿記念酒造博物館

「白鹿」の名前は長生を祈る中国の神仙思想に由来します。唐の玄宗皇帝の宮中に一匹の鹿が迷い込み、王旻がこれを千年生きた白鹿と看破しました。角の生え際には「宜春苑中之白鹿」と刻んだ銅牌が見つかりました。宜春苑とは、当の時代を千年もさかのぼる漢武帝の時代のものでした。皇帝はこれを瑞祥と歓んで慶宴を開いて白鹿を愛養したと伝えられています。後にこの話を詠った瞿存斎の詩には「長生自得千年寿　白鹿」という一節があります。「白鹿」の名前は、縁起良いこの故事にならい名付けられました。江戸時代の看板に「宜春苑　長生自得千年寿　白鹿」という銘があります。「白鹿」の名には、三五〇余年の昔から。自然の大いなる生命の気と、日々の楽しみと、長寿の願いが込められています。

煉瓦づくりの白鹿記念酒造博物館は窓が少なく外観は倉庫のようです。ロビーには、酒を運んだ帆船の模型や酒造道具などがガラスケースに展示してあります。受付で記念館と酒蔵館の入場券を求めます。

記念館には、企画展示室、酒資料展示室。笹部さくら資料室があります。ちなみに笹部さくらコレクションとは、九一年の生涯を日本古来の山桜、里さくらなどの保護育成にささげた笹部新太郎が収集した約五〇〇〇点もの美術工芸品、書画、書物からなる一大コレクションで、西宮市に寄贈されましたが、昭和五七年四月に当館に寄託されたものです。

この記念博物館と道を隔てた向かい側にあるのが酒蔵館です。ここが文字通り白鹿の酒造博物館です。かつての建物は阪神淡路大震災で大きな被害を受けたため、コンクリート製で建て替えられました。

まず、酒造に関する基礎知識が『日本山海名産図会』の拡大パネルなどで説明されています。次いで扉を入ると路地が続きます。そこには宮水を運ぶための木樽が九個乗せられた大八車が置かれています。レールのごとく石が二列に敷き並べられている板石道を大八車を引いて井戸場から港まで運んだのです。

さらに土塀の切れ目の前方には跳ね釣瓶が付いた井戸があり、酒蔵館の入口上部には杉玉がつるされています。杉玉は酒林ともいい、杉の葉を丸い竹篭に挿して玉状にまとめたもので、古くは酒造家でその年の新酒ができたことを知らせるために軒先に吊るしたものでした。

宮水を運ぶ木樽を乗せた大八車

酒蔵館

洗米から始まる

酛摺り

仕込み風景

陶磁器の盃が150点

阪神淡路大震災の被害状況

展示内容は酒造りの工程を見せるもので、とてもよくまとまっているようです。「洗米」では足洗の写真パネルと踏み桶、蓮桶、手桶などの道具が展示され、マネキン人形がかつての動きを再現しています。「蒸米」では甑が置かれ、「放冷」の段階は、蒸米の冷却を早めるため、莚上に置かれた熱い蒸米を木製の道具で広げていく様子がコンパクトにジオラマで表現されています。「仕込み」作業では、大桶が並べられ迫力があります。大桶はもろみの仕込みに使用される容器でもろみタンクとも呼ばれています。「酛仕込み」では、麹と蒸米をはかり分け、水の調整をしながら山起といわれる棒櫂でよくかき混ぜます。マネキン人形によるすっきりとした展示になっており、その作業の音まで再現されている部分もありました。樽などもよく手入れが行き届いています。このほか大きな桶や小型の桶が並べられ、「貯蔵」では酒樽造りの道具と材料が展示されています。

阪神淡路大震災で展示物に被害が及んだことを示すコーナーがあります。破損した大きな桶や酒造道具が壊れたまま展示され、地震のすさまじさが伝わってきます。

また陶磁器の盃などの展示では、全国の色とりどりの盃、約一五〇点が並べられ、壁面に産地が対照できる全国地図が掲示されています。

❖白鶴酒造資料館（神戸市東灘区住吉南町四―五―五）

一七四三（寛保三）年に材木屋治兵衛が酒造業を始め、一七四七（延享四）年に酒銘を「白鶴」と命名したのが白鶴の始まりです。

二〇〇四（平成一六）年、御影郷にあった白鶴酒造石屋甲蔵の発掘調査により、江戸時代後期・末期、明治時代後半の酒蔵跡と酒造りの遺構が発見されました。かまどで洗った米を蒸すための釜場と、醗酵したもろみを搾りとって酒をつくる「槽場《ふなば》」が見つかりました。釜場は江戸時代後期・末期は粘土と石材で構築しますが、明治時代後半になると規模が大きくなり、煉瓦造りに変わっていきます。この調査により「近世灘五郷」における酒造りの一端を垣間見ることができました。

明治に入って一八六九（明治二）年大阪横堀に嘉納直売店を開業します。一八七三年には白鶴瓶詰めの酒を洋酒瓶を利用して発売し、一九〇〇（明治三三）年のパリ万国博覧会にも出品します。一九二七（昭和二）年に灘育英会（現在の私立灘中学、灘高等学校）を設立。一九三四年に白鶴美術館が開館します。一九四五（昭和二〇）年の戦災により、酒造蔵の九割を焼失し、敗戦により在外資産のすべてを喪失してしまいます。戦後、わが国で最初のコンクリートの酒造蔵「本店二号蔵」の竣工（一九五二年）をはじめ、再建に取り組み、一九八二（昭和五七）年に白鶴酒造資料館をオープンさせました。

しかし一九九五（平成七）年の阪神淡路大震災により、資料館及び木造蔵が被災してしまいますが、一九九七年に白鶴酒造資料館が復興開館しました。

白鶴酒造資料館の酒造りの工程の展示はとてもわかりやすく工夫されているので、詳しく見ていきましょう。

釜場から酒造りの展示は始まりです。ここでは踏桶に入れられた精米を洗う「洗米」が行われます。鉢巻き姿の若者が素足で踏み桶に入り、掛け声に合わせて、踏んでは水を流す作業を続けます。季節は冬、窓の外は銀世界、足の感覚がなくなっていきます。

次は「蒸米」作業です。大釜の上に甑《こしき》を載せて米を蒸します。大型の甑

白鶴酒造資料館

は米を蒸す桶で、蒸気によるそりを防ぐため杉の柾目板が使用され、底に蒸気を取り入れる穴（甑穴）が開いています。蒸し米から摂氏一〇〇度もの蒸気が勢いよく上がります。その蒸気を抜くために一階から二階天井を突き抜ける櫓がこの場所にあります。「甑取り」では、甑靴をはき大分司《おおぶんじ》を手にした掘手が、もうもうと蒸気の立つ中で蒸米を取り出します。休座（休台）へ上がった飯かつぎが、急な階段をかけのぼって放令場へと走ります。法被姿のマネキンがこの作業を表現しています。

蒸米は、添《そえ》、仲《なか》、留《とめ》、酛《もと》（酒母）に区分して放冷場で冷やします。放冷場の前方には麹室が設けられています。麹室は、恒温恒湿を保つためにいろいろな工夫がされています。周囲の土壁と室の内側との空間（約七五㎝）は、藁や籾殻を踏み込んで断熱します。そのため天井は一メートル以上も俵を積み重ね莚《むしろ》を敷いた上に泥土を塗ります。換気用には天窓があり、天井の引き戸を開けて調節しています。

「床揉み」では、種就け（種麹を散布）した蒸し米を室の床に広げて、麹菌胞子を蒸し均一に付着させます。蒸し米を揉みながら床の両端に移動し、揉み終わったら床の中央部に積み上げ、この間に室温、蒸米品温を測定しながら、三〇℃前後となるように仕上げます。

床の中央部分にひときわ目立つ大きな滑車状の道具が吊り下げられています。これは阿弥陀車と呼ばれるものです。手摺りから下を見ると蔵人二人が直径三メートルほどある大きい仕込み樽を一階から二階へ上げる作業があります。阿弥陀車の下に大樽を受ける蔵人が作業をしています。梁に取り付けられた阿弥陀車によって滑車の原理を利用して、六キロリットル（一升瓶約三三〇〇本）もある大樽（約八〇〇キログラム）を二階へと上げていきます。本来一階の天井は閉じられており、必要な時に開閉できる仕組みになっており、狭い蔵を上手に使った蔵人達の工夫を垣間見ることができます。

「酛摺《もとす》り」のジオラマがあります。半切桶に仕込まれた酛（酒母）をすりつぶす作業で、最初は三人、次に二人一組になって行います。櫂で撹拌する調子を揃えるのと、作業の時間を規定するために、地方に

麹室ジオラマ

洗　米

阿弥陀車

蒸　米

酛摺り

甑取り

放冷場

よって独特の酛摺り唄が唄われました。

酒母（酛）に水と麹を加え混合することを仕込といい、添、仲、留の三段階に分けて仕込む三段仕込みが一般的です。仕込み桶に酒母の約二倍の原料を加えて添とし、添の倍量を仲、仲の倍量を留というように各々二倍量の原料を逐次加えて増量していきます。酛やもろみの醗酵中にでてくる泡が桶の外にあふれないように、末竹三本で泡を消します。

搾りたての酒は白く濁っているので、約一週間おいて沈殿させ、上澄みを他の桶に移します。これを「滓《おり》引き」といいます。呑口から酒の出すぎるのを防ぐため竹呑に呑袋をはめ、その中に桐の栓を入れます。酒が流れ出ると栓が袋の中で動くありさまから、この栓を雀と呼んでいます。殺菌や熟度香味などの調節のために、酒を複利に入れて六二～六八度に加熱します。これを「火入れ（煮込）」といいます。

酒槽（槽）にはもろみの入った酒袋を並べ重ねて入れ、これを搾る槽を「槽」または「酒槽」といいます。大きさは幅七〇～七三cm、深さ九〇～一〇〇cmとほぼ一定ですが、長さは底の大きさによって二〇〇～三六〇cmと様々です。木製の槽は、欅、桂、銀杏などのかたい香気の悪くない木材が使われ、槽の上縁部には桜材がよく使われます。槽の内面には酒袋の下がりをよくするために竹の簀子をはめ込み、底面には木の桟板を敷き、溝をつけて銚子口に酒が集まるようになっており、流下する酒を垂壺で受けます。

ここには、せちめん、雀、竹呑、呑袋（滓引きのとき、竹呑の先にかぶせて使

仕　込

酒槽、搾り

用し、滓が酒の中に湧出するのを防いだもの)、かりかり、ちんちょう（把手のない荷物を引っ掛けて担うための道具)、弓、札、木呑などが展示されています。

貯蔵は火入れ（六二～六八度に加熱）が終わった酒は囲い桶（貯蔵桶）に入れ、酒の上に浮いている泡をすくい取り、蓋をします。この時、蓋の上に一個一〇貫（三七・五kg）以上もある重石か石入俵を一〇個並べ、桶と蓋を密着させて目張りをします。めばりには和紙でつくった芯子や口張りがつかわれ、このまま秋まで貯蔵されます。

樽詰用の樽と、鎌、縄通し、平かんな、内かんな、めちがい取りなど樽づくりの道具、酒を入れる容器として二升詰め白壺、四升詰め白壺、一升詰め白壺などが展示されています。またこれまで使われてきた商標ラベルの変遷が分かる展示もあります。

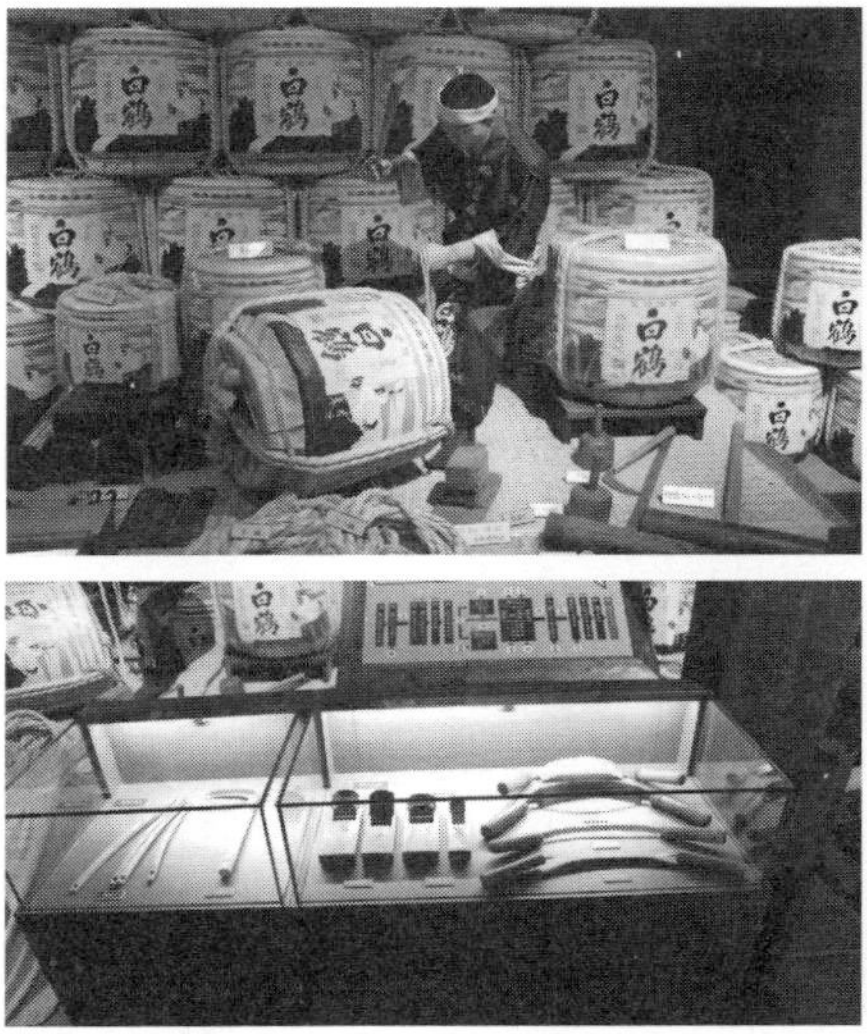

酒樽と樽づくりの道具

酒を入れる容器

商標ラベルの変遷

このほか、かつての食卓風景、食事をする杜氏の姿を再現したジオラマや昔の酒造りを描いた喜井黄羊、中村貞似などの絵画が展示されています。

白鶴酒造には、一九三四（昭和九）年に第七代嘉納治兵衛によって設立された**白鶴美術館**（神戸市東灘区）があります。中国青銅器、金工品、漆器、陶磁器、経典など多種多様な国宝、重要文化財などの美術品を収蔵していることで知られており、開館六〇周年の一九九五（平成七）年には新館がオープンしました。新館の主たる展示品は、白鶴酒造一〇代目嘉納秀郎氏が収集した中東絨毯コレクションです。

❖櫻正宗記念館「櫻宴」（神戸市東灘区魚崎南町四―三―一八）

櫻正宗の創業家山邑家は、酒造り発祥の地といわれる伊丹の米づくり農家でした。「荒牧屋」という屋号で一七一七（享保二）年に創業。その後、江戸への輸送の利便性から西宮と魚崎に蔵を持つようになります。六代目太左衛門は西宮梅の木蔵に湧き出でる井水が高い品質を生み出すことを発見し、その井水を牛の背に乗せて魚崎に運びました。の西宮の水「宮水」の酒が評判を呼び、以後灘には欠かせないものとなりました。

また太左衛門は、親交のあった山城深草の極楽寺村瑞光寺の住持を草庵に訪ねた際「臨済正宗《せいしゅう》」と書かれた経巻を見て、「正宗」と「清酒」が語音が通じることから「正宗」を酒銘とします。

食事する杜氏のジオラマ

櫻正宗記念館「櫻宴」

一八八四（明治一七）年に「正宗」を商標登録することにしたのですが、すでに清酒の代名詞として一般化していたため、政府は「正宗」銘を普通名詞とすることにしました。その際、政府の勧めもあって国の花といえる紅色福弁の桜花一輪を配し「櫻正宗」と改称し登録商標としたのでした。

一九〇四（明治三七）年、官立醸造試験所が設立され、全国から優良な酵母が集められました。その結果、「櫻正宗」の酵母が最も優れていると判断され、「協会一号酵母」として全国に頒布されました。

空襲で魚崎蔵も三分の二の建物が焼失しましたが、戦火を免れた内蔵などで酒造りを再開しました。当時闇市では統制外の酒があふれ、水をブレンドした酒が出回っていましたが、山邑酒造では瓶詰め商品の栓に封紙を貼り、品質第一、お客様第一を貫きました。

一九九二（平成四）年に社名を櫻正宗株式会社に変更しました。新たに醸造設備、研究設備を充実させた直後に阪神淡路大震災が発生しました。復興後の一九九八（平成一〇）年、震災の被害が軽度だった門を残し、地元魚崎地域活性化の一助になることを目的として櫻正宗記念館「櫻宴」をオープンさせました。

立派な長屋門を入ると、料亭のようなたたずまいの櫻正宗記念館「櫻宴」があります。一階はショップ「櫻蔵」とカフェがあり、カフェの正面には垂壺と呼ばれる大型の陶器製の壺が置かれています。二階は、展示スペース「櫻宴蔵町通り」と酒蔵ダイニング「櫻宴」があります。

「櫻宴蔵町通り」はそれほど広くありませんが、酒造りの工程よりも小型の道具類や桶類が多く見られます。二階へ通じる階段の壁面には大きな三尺桶がはめ込まれています。「三尺桶」は、直径と高さが約三尺（一メートル）の木桶で、もろみの品温調節を容易にするためのもので、枝桶《えだおけ》とも呼ばれます。

もろみを渋袋（酒袋）に入れる時、先のとがった桶に移してから渋袋に流し込みました。「猿」は、甑の底の穴の上に置き蒸気がまんべんなく行き渡るようにする道具です。「水樽」は、宮水を牛車で輸送する時に用いた樽で、内容量は約二斗（三〇リットル）あります。「暖気樽」は、酒母をつくるとき熱湯をい

日本酒の博物館（灘五郷）

陶器製の垂壺

壁面にはめ込まれた大きな三尺桶

酒造り道具

櫻宴蔵町通りの展示

れたこの樽を桶の中で回し酵母の育成を促しました。「大桶」は、もろみの仕込みや酒の貯蔵などに使う桶です。「指樽《さしたる》」は、江戸時代以前の酒運搬の容器で、花見などにつかわれたものです。「杓《しゃく》」は、水、湯、もろみなどを汲むための柄のついた容器で、用途によって柄杓、湯当杓、汲杓、へぎ杓、釜杓などいろいろあります。

また、大正末期の櫻正宗の木造蔵での酒造りの様子を記録した貴重な映像が上映されています。また写真パネルでも精米所、洗米、宮水積み込み、宮水井戸場、麹室とこもみ作業、甑取り、すり、麹室、仕込み（宮水）、仕込み（蒸し米こうじ）などが紹介されています。どれも現在では失われた風景です。

❖白鷹禄水苑（兵庫県西宮市鞍掛町五―一）

一八六二（文久二）年、初代辰馬悦蔵が西宮に酒造業を興したのが白鷹酒造の始まりです。一八七七（明治一〇）年に東京で開催された第一回内国勧業博覧会に出品し受賞したのをはじめ、一八八九（明治二二）年のパリ万国博覧会や多数の海外の博覧会に出品し受賞を重ねました。

一九二四（大正一三）年、伊勢神宮の大御饌《おおみけ》に清酒が初めて採用されることとなり、全国の清酒の中から唯一、白鷹が伊勢神宮の御料酒に選ばれました。

白鷹禄水苑

宮水運搬用の手押しのタンク車

太平洋戦争で木造蔵は全滅しますが、焼け残った北店蔵と辰馬本家酒造の本蔵を借り受け、一九四五（昭和二〇）年に醸造を再開します。一九九五（平成七）年の阪神淡路大震災で被災しましたが、被害は最小限にとどまりました。

「白鷹」という酒名は、百鳥の王である鷹、なかでも白い鷹は千年に一度現れる王者の風格と気品を持つ霊鳥といわれるところからきています。

白鷹禄水苑はかつての造り酒屋の建物を再現したもので、入口にはかつて宮水を運搬したとみられる手押しのタンク車が置かれています。

また苑内の「**暮らしの展示室**」は、江戸時代から続く白鷹蔵元・北辰馬家の暮らしぶりを示す生活用品が展示されています。三世代の集合写真のパネルが掲げられており、その解説には、「蔵を守り伝承していくことが、家を守り伝えていくことだと考えられていた造り酒屋では家長を中心とした家の意識が、世代を超えて深く根をおろしていました。三世代の集合写真はこうした様子をよく表しています」と記されています。

「茶の間」のジオラマでは明治末から大正にかけての食事風景が再現されています。当時はひとりずつの銘々膳で食事をとっていたことがわかります。「離れ座敷」のジオラマは大正時代の女性の化粧部屋を再現しています。定紋入りのタンスと長持ちは嫁入り道具として揃えられたもので、当時の女性はこれを一生大切に使いました。続いて「本座敷」のジオラマです。昔の商家では祝儀、不祝儀にかかわらず行事の接待はそれぞれの家で行われていました。

二階展示室に上ります。ここでは酒屋の女性像、旦那像が中心に展示されています。

女性の身の回りの品々は実用性を重視したものが主で、華美なものはほとんど見当たりません。唯一、婚礼には十分に吟味した品々が選ばれています。代々の女性たちは大切に手入れし、着物にいたっては百年近く前のものでも今出来上がってきたかのように鮮やかな色の晴着のようです。

酒屋の旦那像についての展示があります。阪神間には造り酒屋の経営者が代々収集してきた書画骨董を収めた美術館や、自らの資材を投じて設立した文化施設が数多くあります。こうした文化活動は企業のイメージアップも兼ねた文化支援という、いまでいう企業メセナのような発想ではなく、昔ながらの「旦那」個人の感覚によるものでした。

本館前庭にある土蔵が**白鷹集古館**です。一階では酒造り道具や酒器・伊勢神宮酒器、樽回船として使用された帆船の模型が展示され、二階では白鷹の歴史が紹介されています。白鷹が伊勢神宮の御料酒に選ばれて以来伊勢神宮との関係は深く、伊勢神宮大宮司徳川宗敬の辰馬悦蔵への感謝状や、伊勢神宮からの下賜記念品が数多く展示されています。ひときわ目立つ大きい信楽焼の壺は縦方向に緑釉がすだれ状に流さ

茶の間のジオラマ

離れ座敷のジオラマ

本座敷のジオラマ

白鷹の石碑

れたもので、明治初期に伊勢神宮付近の酒屋にあった大壺だそうです。

近畿地方から江戸への酒の輸送は最初は馬による陸上輸送でしたが、販売量の急激な増加に対処するため帆船による海上輸送となりました。大阪で船問屋は菱垣廻船で他の商品と共に江戸に酒を運んでいましたが、やがて酒輸送専門の樽回船が誕生します。これは安定性のある優美な和帆船で、船足も速く、積載量を増やす改良が重ねられました。灘の酒の発展は樽回船の大量輸送によるところが大きく、明治初期に洋式帆船や汽船が出現して廃業するまで活躍しました。この樽回船に用いられた帆船の模型が展示されています。

一階の展示は「洗米」から始まります。次いで「蒸米」と続きます。甑や各種の桶が置かれていますが、その工程の解説は見られません。三尺桶が二個置かれています。この桶はもろみ仕込み用で、現在ではホーロー製が多いようです。次は「絞り」です。このコーナーで目立つのが圧縮に用いられた石掛け式と呼ばれるもので、天秤棒（締木）の根元を男柱に差し込み、一方の先端に石を掛けています。掛石は重しとも呼ばれ、径三〇～四五cmの丸い自然石が用いられ、これらを釣る縄を釣り縄と呼びます。次に様々な桶が並んでいます。目立つものでは、揺桶があります。これは、侵漬・水切りされたコメを蒸すために侵漬桶から甑に移す際に用いる木製の小道具で、蔵人が侵漬桶の中に入り、底についた把手を以て、米を描くようにしてすくって取り出します。試桶は、少量の清酒・もろみ・水などを運ぶ把手のついた容器で、片手桶とも呼ばれます。このほか清酒をろ過する際にろ過材の攪拌にも使用されます。また半切桶は、清酒・もろみ・水・湯の容器として使われます。

樽回船の模型

暮らしの道具　　ハレの道具

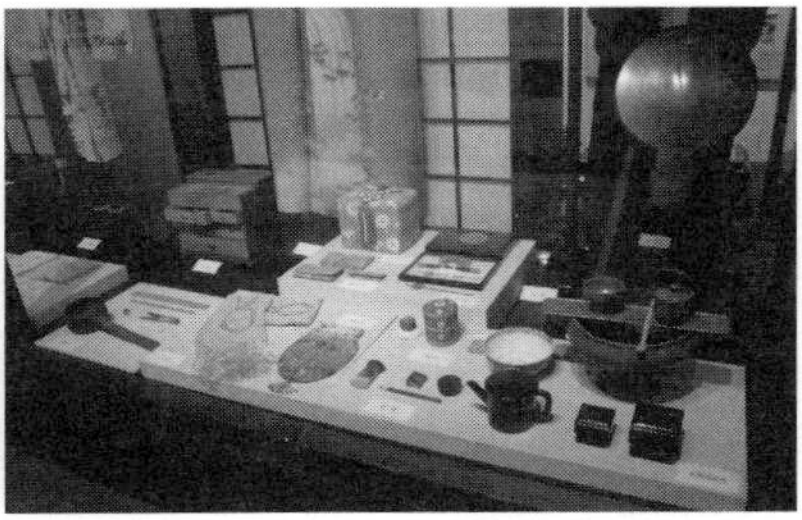

伊勢神宮関連の道具　　暮らしの道具

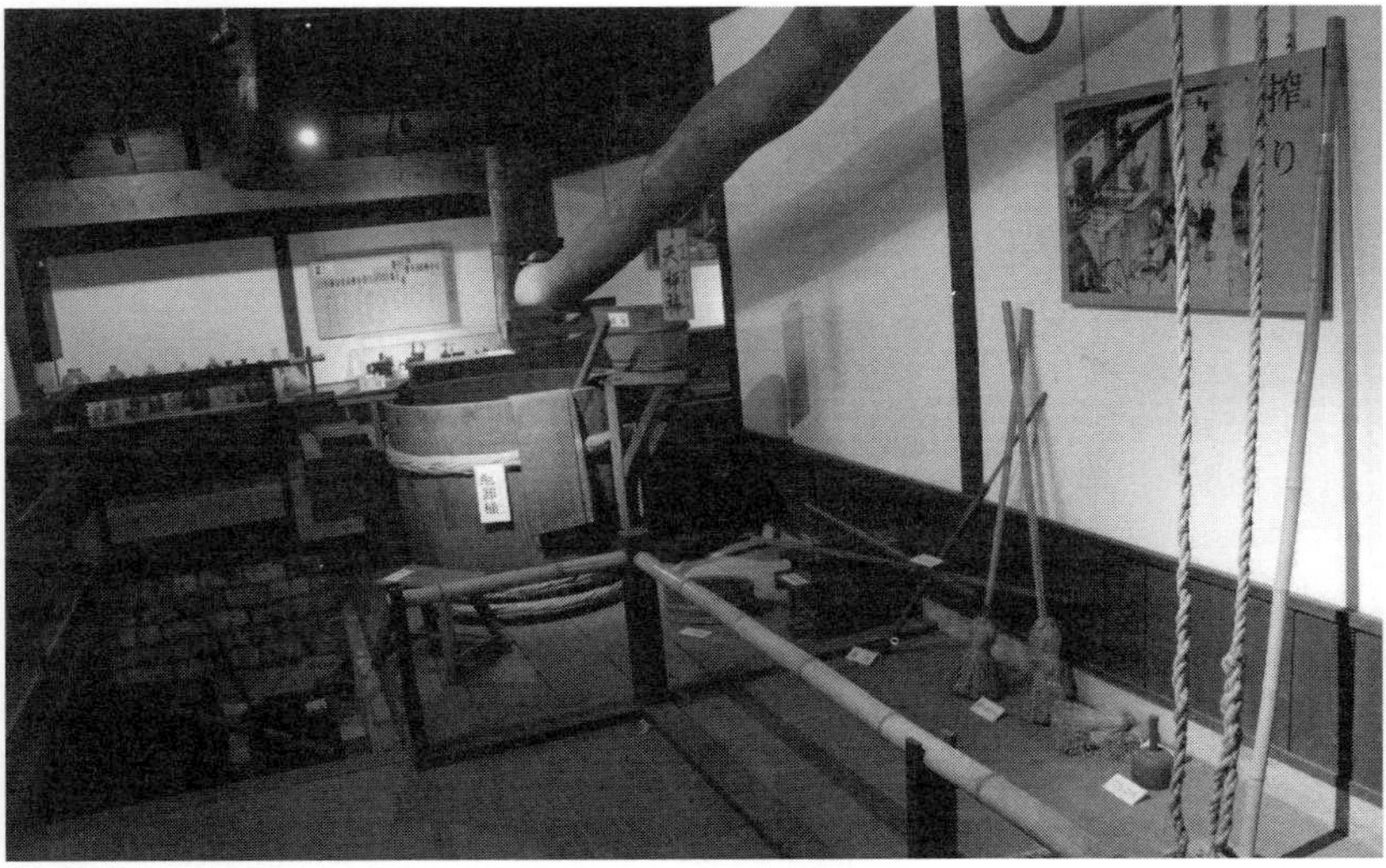

しぼりの工程

辰馬考古資料館（兵庫県西宮市）は、白鷹酒造三代目辰馬悦蔵が一九七六年に設立した博物館です。辰馬悦蔵は、若くして京都帝国大学文学部で考古学を修め、新進学徒として大阪府国府遺跡の調査などに参加し、とくに銅鐸と玉類等の研究を行い、足跡を遺しました。

館蔵資料は考古遺物と富岡鉄斎の作品の二つから構成されています。鉄斎の作品のうちで傑作として重要文化財に指定されている「阿倍仲麻呂明州望月図」は、祖父悦翁の家に滞在した際、その厚遇に感謝して筆を執り贈ったものです。悦蔵墓碑の銘文もまた鉄斎の筆によるものです。

❖神戸酒心館（福寿）（神戸市東灘区御影塚町一―八―一七）

「福寿」は一七五一（宝暦元）年から灘五郷の一つである御影郷で酒造りを始めました。生産量よりもおいしさを極めるため、手造りで丁寧な酒造りを行っています。麹は今でも全量手造り、蒸しコメは甑を用いて、仕込みごとの個性を大切にコメのうまみを引き出した芳醇できれいなお酒をめざしています。「福寿」という酒銘は、七福神の福禄寿に由来しており、この酒を飲む人に財運がもたらされるようにという願いが込められています。

小さな長屋門を入ると受付のある建物がありその左手に五階建ての福寿蔵があります。まず映像ルームでコメづくりの産地などの映像を数分鑑賞したその後エレベーターで四階に昇りました。そこに注連縄《しめなわ》が張られ、「さかば

神戸酒心館東明蔵

酒造工場

やし」と表示された青々とした杉玉が吊り下げられています。長い廊下が続き、壁面には福寿の代表的な製品五本が置かれており、様々なコンペでの賞状が貼られています。さらにその隣には大きく拡大された米の精米度合いの違いを示したパネルが掲げられています。窓越しに見る工場はステンレスタンクが並んでおり、伝統的な酒造り道具の展示とは印象が違うようです。

長屋門の小部屋は絵画などのミニ展示ギャラリーとなっており、受付のある東明蔵は近代的な建物で、全製品を販売するショップです。長屋門から東明蔵への右側に置かれた木製の大きな樽は記念写真撮影スポットになっています。

❖小山本家酒造灘浜福鶴（浜福鶴）

（神戸市東灘区魚崎南町四—四—六）


初代小山屋又兵衛が、灘、伏見で酒造技術を習得したのち、一八〇八（文化五）年に現在の埼玉県で酒造業を創業したとのことです。

建物の二階が一九九六（平成八）年にオープンした見学フロア「**酒造り体験空間吟醸工房**」です。まず山田錦、雄町、こしひかりなどの材料となるコメの穂先のついた稲わらが吊り下げられ、壁面には菰樽が五個、酒造りの工程のイラストのパネル展示があります。ここでは仕込み作業の実演も行われるようで、樽や撹拌用の棒が置かれていました。窓ごしに工場内のステンレス製のタンクを見ることができます。その手前には山田錦の玄米と五〇％磨いたもの、さらに食用のコシヒカリの玄米と食用に精米したもの、糠の見本などがガラスケースに入れて並べられています。

小山本家酒造

コメの穂先のついた稲わら

酒造り道具

中央の細長い展示台には桶や樽など大小の酒造り道具が展示されています。奥の方には蒸し器である甑や酒を絞る糟があります。いずれも比較的小型なものです。これらを見学して一階に降りる途中に麹室があります。

新　潟《新潟市・長岡市》

新潟はコシヒカリに代表される全国的に最も知られたコメ生産地です。また多くの名水にも恵まれ、丹波杜氏と並び称される「越路杜氏」の人々の故郷でもあります。

一七五四（宝暦四）年に出された「勝手造り令」によって、日本酒の生産方法の規制緩和が行われ、寒季の酒造りが許可されました。

米の収穫が終わると、冬は積雪のため裏作が行えず、海も荒れて出漁できなかった日本海側（越後）の村々では、農民が冬場の酒醸造の仕事を求めて各地へ出稼ぎにいくようになりました。より多くの人出を必要とした造り酒屋と、農閑期に収入を得たい農民との間で利害が一致したことが、杜氏集団の形成に大きく寄与したといえます。

新潟の酒の特徴は、端麗、淡泊とされ、灘、伏見の酒には見られない味覚があるともいわれています。ここでは、新潟市と長岡市の酒蔵をご紹介します。

❖今代司酒造

（新潟市中央区鏡が岡一—一）

酒蔵の入口のアクリル板には次のような文章が書かれていました。

今代司《いまよつかさ》酒造は一七六七（明和四）年創業の老舗です。初代の但馬屋平吉は酒の卸売業や旅館業を営んでいました。明治中期になって本格的に酒造りを始め、きれいな伏流水が出て栗ノ木川による運搬に便利だった沼垂《ぬったり》の地に蔵を構えました。この地は新発田藩の米蔵に隣接し、地盤も良く、なによりも良質の水に恵まれていたため、多くの酒蔵、味噌蔵、醤油蔵が立ち並んでいました。また、新潟には京都、江戸と並ぶ日本三代花街があり、沼垂の酒蔵は一流料亭に鍛えられていきました。

昔、樽詰めで酒を出荷していた時のこと、町の酒屋さんは酒蔵から仕入れた酒に水を加え薄めて量を増やして売っていました。酒蔵のほうでも出荷前に水を加え、金魚も泳げるほど水で薄まった酒であることを揶揄して「金魚酒」と世間では呼びました。しかし今代司は水で薄めませんでした。つまり薄めて儲けられるお酒だと大評判となり、新潟市内の大半の酒屋で扱っていたといいます。

米不足になった戦後、醸造アルコールや糖類などの添加で、お酒を増量する「三倍増醸」が全国で盛んに行われるようになると、日本酒の質は劣悪化します。そこに外来酒が入ってきたり、ライフスタイルの変化もあり、日本酒離れが進みます。

米不足の時代に考え出されたアルコール添加のお酒は、良質の米が豊富に手に入る現在でもほとんどの酒蔵で造られていますが、日本酒本来の造りにこだわりたい今代司酒造は二〇〇六年、醸造アルコール添加を一切行わない全量純仕込みを行うようになりました。アルコールや別原料を使って酒の味や香りを調

今代司酒造

整することができないため、酒造りの全工程が緊張感あふれる真剣勝負となったのです。仕込み水は新潟のブランド名水「菅名岳」の天然水を一〇〇%使用。米も今代司ブランドのお酒には酒造好適米を一〇〇%使用しています。そらに新潟が誇る越後杜氏の腕が素材の良さを存分に引き出し、味と香りに磨きをかけています。

インターネットで酒蔵見学を予約し、指定時間に訪問しました。ガイドの方が登場です。法被《はっぴ》を着た初老の紳士で、後でわかったことなのですが、この会社の社長さんでした。

酒造りの話あり、甲子園の野球の話あり、流暢な話ぶりに引き込まれていきます。タンクの容量は水を入れてその水をはかることによって内部の容量がわかるということや、内部が琺瑯《ほうろう》と樹脂のどちらがいいのかという話題では、樹脂の方が長持ちするし、はしごをかけた時に琺瑯では振動で内部に傷ができると大変なことになるなど、なかなか聞けない話が盛りだくさんでした。また大阪堺の樽造りのメーカーが廃業するので、恐らくここの最後の木製樽になると寂しそうに話される姿は印象的でした。

見学の後は酒の試飲タイムです。まだ先が長いこともあり、甘酒を試飲しました。ひときわ濃い酒粕の匂いがわずかに酔いを誘います。せっかくですので四合瓶の酒を購入しました。

酒蔵の展示品のいくつかを紹介します。

酒蔵の入口

貯蔵タンク

蒸留機／アルコール分を分析するために、お酒などに含まれているアルコールを蒸留する装置です。まだこの分析が一般的でなかった時代には、水で薄められた「金魚酒」と呼ばれる酒も流通していました。

お燗酒自販機／昭和四〇年代に大活躍していたというお燗酒の自動販売機です。立ち飲み屋に並び、会社帰りのサラリーマンなどに愛されていました。現在でも愛用しているお店があるようです。

利き猪口／聞き酒をする際に用いる専用のお猪口で容量は一合。白と藍でできた二重丸は蛇の目といい、白でお酒の色を、青でお酒の透明さを確認します。プロ用のものではこの色は厳密に定められています。

吐き／利き酒をする際、お酒を飲まず吐き出すための容器です。酔ってしまわないように、利き酒では通常は飲み込みませんが、それではお酒の喉越しや返り香を確認できないという問題もあります。

木桶／一九五〇年代まではこれで酒を仕込み貯蔵することが当たり前でした。今代司酒造では二〇一〇年、半世紀ぶりに木桶仕込みを復活させました。

暖気桶／もともと木で作られていた暖気桶も、時代と共に磁器製となり、アルミニウム製やステンレス製に変化してきました。暖気桶ではなく、電熱線で温める手法も取られています、

ポスター／昭和の時代に実際使われていたポスターです。文人から愛された『今代司』らしく、味のある構図と売り文句で彩られています。

法被／日本の伝統衣装である法被は、商業界では別名「看板」ともいわれ、その言葉通り、酒屋では銘柄の「看板」として着用されています。

焼き印／お酒を出荷する際に樽に印字するための焼き印です。辞書で「brand」と引くと「焼き印」と出てくるように、焼き印はまさにブランドを表現する大切なものでした。

❖吉乃川酒造
酒ミュージアム「醸蔵」

（新潟県長岡市摂田屋四）

吉乃川酒造は一五四八（天文一七）年創業の老舗酒蔵です。川上、幡家の庄屋両家によって創業されました。蔵元の川上家についての紹介があります。一五四三年関東管領上杉氏の領地であった摂田屋に武士の川上主水義春・義光親子が一帯を管理する役人のような立場として入り、一五四八年に酒造業を始め、やがて謙信没後の後継者争いの結果、義光は敗北し家臣と共に摂田屋に土着し酒造業に専念したと伝えられています。

一九四五（昭和二〇）年には長岡大空襲に遭いましたが、摂田屋地区はその災禍を奇跡的に逃れました。

一九六五（昭和四〇）年の関東信越国税局主催の酒類品評会では吉乃川が第一位に輝き、一九七二（昭和四七）年の日中首脳会議の際、田中角栄首相の乾杯の酒の一つとして吉乃川が選ばれました。

吉乃川酒造　酒ミュージアム「醸蔵」

大正時代に建てられた倉庫「常蔵」を改造して設置されたのが酒ミュージアムです。外観は白くペイントされた大型の倉庫で、天井の鉄骨が三角形に組まれたトラスト工法が特徴です。かつては、一階で酒の瓶詰め作業が行われ、二階は蔵人の生活空間として使用されていたとのことです。

館内は、展示スペース、ＳＡＫＥバー、売店、イベント・セミナー会場に分かれ、一階の奥には吉乃川クラフトビールの醸造場があり、ガラス越しに見学することができます。

酒造り工程の展示では、酒造りに大切な要件として「米、水、木工、技」があると記されています。

まず米は、吉乃川は新潟県産米の「酒造好適米」を使用しています。通常の飯米とは形状や特性が異なる日本酒用のコメです。代表的な「五百万石」は、辛口タイプに仕込んでも柔らかな味わいが感じられる酒米です。もう一つは新潟県が開発した「越端麗」で、すっきりした後味とふくらみのある味わいを持つ品種です。なお吉乃川では二〇一八年から「吉乃川農産株式会社」を立ち上げ、原料米の一部を自社生産しています。高品質で安心安全なコメを確保し、様々な特徴を持つ酒米育成にチャレンジしています。

水は、敷地内の井戸から汲み上げる地下水です。その源は長岡東山連峰の雪解け水と信濃川の伏流水です。「天《てん》下《か》甘《かん》露《ろ》泉《せん》」と名付けられた水はミネラルをバランスよく含む軟水です。酒の八〇%は水でできているため水質が味わいに大きく影響します。吉乃川の柔らかい端麗な味わいはこの軟水のおかげです。

搾り機

酒造りの道具

気候条件では、吉乃川の位置する摂田屋地区は雪国新潟の中でも雪が多い場所で、人にとっては厳しくとも酒造りにとっては最高の環境なのです。余計な菌の繁殖を抑え、醗酵がゆるやかに進むことで生まれる吉乃川のきれいな味わい、それは長岡の冬だからこそできあがるものなのです。

最後に技について。どれだけいい材料をそろえても、それらを扱う蔵人の器量がなくては、おいしいお酒は造れません。長岡は日本三代杜氏といわれる「越後杜氏」の故郷で、今日に至る吉乃川の味わいは代々の杜氏や蔵人が継承してきた技と情熱で受け継がれてきたものです。現在蔵人は一〇人程度で、夏は農家をしている六十代のベテランから二十代の若手までの杜氏たちが酒造りに携わっています。

名誉杜氏鷲頭昇一を紹介する展示があります。戦後から半世紀にわたり吉乃川の酒造りを支え、現在の吉乃川スタイルを確立した昭和の杜氏で黄綬褒章も受賞している人です。鷲頭は大阪大学醸造学科卒で、吉乃川の工場長だった川上八郎と共に多くの革新的な酒造りの製造工程を機械化し、それまで泊まり込み作業だった蔵人を通勤制に変え、当時としては常識を超える大型仕込みにも着手し、九〇キロリットルタンク（一升瓶約五万本分）での仕込みで、品質の安定、コストの引き下げに成功しました。

また精米に始まり、洗米、浸漬、蒸米、麹・酒母、仕込み（もろみ）、上槽（搾り）の各段階を経てお酒となっていく吉乃川の酒造りの工程もパネルで示されています。木製の樽や、櫂、桶などが壁面に張り付けられています。酒を絞りだす小型の装置も花火と並んで置かれています。

長岡空襲の慰霊と復興のため始まった長岡花火はいまでは日本有数の花火として有名ですが、吉乃川は「正三尺玉」を長年にわたって提供しています。上空六〇〇ｍまで打ちあがり、直径六五〇ｍの大輪の花が開きます。その迫力は長岡花火の象徴として親しまれており、そのレプリカが展示されています。さらに、吉乃川が広告・プロモーションにも力を入れてきたことを示す資料として新聞広告やポスターも展示されています。

❖朝日酒造（新潟県長岡市朝日八八〇）

一八三〇（文政一三）年に朝日村の平澤本家が創業した老舗酒蔵です。屋

朝日酒造

号を久保田屋といいました。一八九五（明治二八）年から「朝日山」の販売を始め、内国勧業博覧会に七月に初出品し、一九〇七年には全国酒品評会で三位入賞を果たします。一九二〇（大正九）年に朝日酒造となり、一九三七（昭和一二）年製造石高が戦前最高を記録。戦後は長岡豪雪、長岡空襲などの苦境を乗り切り、一九七二（昭和四七）年には田中角栄首相が訪中時に、祝宴用として「朝日山」特級酒が持参しました。一九八五（昭和六〇）年には社運をかけた「久保田」千寿、百寿を発売し、以降も萬寿、翠寿、碧寿などを売り出しました。

長岡駅からのタクシーの車窓からは里山や水田ばかりののどかな風景が続いていました。突然近代的な工場の建物群が現われます。朝日酒造へ到着です。早速売店で酒蔵見学の申し込みをしました。

正午少し前にロビーに「久保田」と染め抜いた法被姿の係員が現れ、十人ほどの見学者をエントランス・ホールのある本館入口へ誘導します。そこで杉玉の解説や、朝日蔵、もみじ蔵、ほたる蔵、いなほ蔵と命名された貯蔵蔵の説明を受けました。朝日蔵は、久保田の最高級品種を貯蔵している専用蔵だそうで、もみじ蔵以下は久保田萬壽、千寿、百寿などの品種を保管している蔵だそうです。

エントランス・ホールへ入ります。ここは工場に隣接する施設ですが、内部は広く開放的な雰囲気で、朝日酒造の歴史が年表で詳しく解説されています。このホールでは、ピアノ演奏会なども開催されており、訪問時にも今夕行われる演奏会の準備がおこなわれていました。

酒造りに必要不可欠な「水・米・人」についての展示を見ていきましょう。

まず「水」では、創業の地を流れる地下水脈を仕込み水として利用しています。この水は新潟県内でもとくに硬度が低く、酒造りに適した軟水で、醸造の際に穏やかな醗酵を促します。

次に「米」です。越路地域では古くから風土を活かした米づくりが行われ県内でも指折りの米どころとなっています。朝日酒造では、「酒づくりは米づくりから」という思いから、農地所有適格法人「有限会社朝日農研」を設立して「農醸一貫」を実現するため、酒造適性の高い酒米の栽培とこれらを実現する栽培研究、また環境保全型農業などを実践し、理想の米を追求しています。ともあれ理想とする米は、たんぱく質が低く、心白が中心にあり、大きく粒揃いな米である「二白一粒」で、厳重な品質管理のもと、地域の契約栽培農家との協力しながら酒造りに最適な米づくりを行っています。

最後の「人」では、この地域は日本三大杜氏の一つである越後杜氏と呼ばれる「越路杜氏」を輩出した土地でもあります。朝日酒造では、越路杜氏の智慧と技を「酒づくりの科学的伝承」の取り組みにより次世代に受け継ぎ、品質本意の酒つくりの追求をしています。

松籟閣

ところで、一角にある松籟閣は、朝日酒造の創業者平澤與之助が昭和初期に建設した住宅で、伝統的な日本家屋にアールデコ様式の丸窓やステンドグラスなどの装飾を取り入れています。二〇〇一（平成一三）年に製品倉庫建設に伴い移築されました。ちなみに松籟とは、松の梢を吹く風の音のことを指します。また二〇一八（平成三〇）年に重要文化財に指定されました。現在一般公開は期間を決めて行われているようです。訪問した日は公開されていませんでしたが、外部から撮影は可能でした。

広島《東広島市》

広島県の酒造りといえば、三津《みつ》杜氏の里として知られる安芸津町が思い浮かびます。安芸津は、「吟醸酒誕生の地」「三津杜氏の里」「広島杜氏のふるさと」「広島酒の祖」とされている三浦仙三郎ゆかりの土地です。

一八七六（明治九）年、三浦仙三郎は瀬戸内海に面した港町三津で酒造業を始めます。しかし酒造りはうまくいかず、造った酒の大半を腐敗させてしまい莫大な損失をこうむりました。仙三郎は灘の酒に対抗するため、倉庫、精米所、酒造所、機械、道具に全財産をつぎ込んで、灘の酒造法を真似ようと努力します。やがて自ら足を運んで灘の名醸家を訪ね研究に没頭しますが、結果は報われませんでした。やがてその原因が水質にあるということを知った仙三郎は軟水に適する醸造方法の研究を重ねます。一八九七（明治三〇）年、ついに軟水による醸造法を完成し、広島酒を広める基礎を築き上げました。

三浦仙三郎により開発された醸造法は、のちに吟醸酒造りとなりました。また三浦が育てた杜氏集団は、三津杜氏、安芸津杜氏と呼ばれ、現在の広島杜氏の起源ともなり、彼らによって各地に吟醸酒造りが普及していきました。

一方、西条はかつては山陽道の宿場町の一つである四日市の宿として知られていました。四日市は長州征討に伴って幕府軍側の本陣（宿舎）が置かれたことで好況となり、商家は財を得ました。幕末から酒株制が廃止となった明治維新後に酒造りを始めるものがでて、とくに四日市では財を持ち合わせた地主が始めたとされ、嘉登屋島氏（白牡丹）の向かいの小島屋木村氏（賀茂鶴酒造）が、その隣の吉田屋石井氏（亀齢酒造）がと、隣がやるならうちもやろうと酒造りを始めていったという。

また市街地に入ると目立つのは酒蔵の煙突群で、煉瓦積みの煙突群が酒造りの歴史を語っているようでもあります。なお賀茂鶴二号蔵東西棟は、酒都西条を代表する酒造蔵。明治後期のもので煙突とともに国の登録有形文化財に、亀齢一号蔵は国の登録有形文化財。壁面上部にあるのが毛利家紋の一文字三星、その下は防火のおまじないとして書かれている「水」の字がみえます。

なお四日市から西條（西条）の名に変わったのは町制施行した一八九〇（明治二三）年のことでした。ＪＲ西条駅の建物には酒造りのオブジェが刻まれています。

西条駅前にある酒造りのオブジェ

❖賀茂泉酒造（広島県東広島市西条上市町二―四）

一九一二（大正元）年に初代前垣寿一が酒造業を創業します。酒銘は京の都に由来する地名の賀茂と当蔵所有の山林内にある西国街道の名水「茗荷清水」を汲んで酒を仕込んだことから賀茂泉と名付けました。

賀茂泉は、戦争中に失われた本来の酒造りの復活を目指し、一九六五（昭和四〇）年頃からコメ麹のみの酒造り（純米醸造）をはじめました。試行錯誤の末、一九七二年に「本仕込み賀茂泉」を発売、純米醸造のパイオニアとなりました。その後、第一次地酒ブームがやってくると「純米の賀茂泉」の名が全国に広まりました。また、地元を愛し、酒造りにとって重要な大和水を守る活動（西条・山と水の環境機構）、酒水、「山田錦」の産地育成（東広島市酒米栽培推進協議会）や酒蔵通りの街並み保存にも精力的に取り組みました。今では賀茂泉はアメリカをはじめアジア、ヨーロッパと海外に輸出されるようになりました。

広島杜氏伝播の「三段仕込み」を忠実に守りながら厳選された米を手造りで醸す賀茂泉は活性炭素ろ過を行わず、豊潤で豊かな味わいと山吹色をした酒として親しまれています。

酒蔵を出て間もなく、辻を曲がると酒泉館があります。独特の西洋風の建物で、一九二九（昭和四）年の竣工、かつての県立醸造試験場西条清酒醸造場、国登録記念物でもあります。その曲がり角の土蔵の白壁ほぼ全面に、戎大黒のおめでたい彫像が刻まれていました。また道を挟んだ倉庫の前には、かつて屋根

賀茂泉酒造

賀茂泉酒造「酒泉館」

土蔵の白壁に刻まれた戎大黒の彫像

を飾っていた鬼瓦や軒瓦などの瓦が長机の上に数点展示されています。

賀茂泉酒造では、水はＪＲ西条駅北にそびえる龍王山を起源とする伏流水を使用し、その硬度は中硬水です。日本全国では比較的軟水の多い中、適度なミネラル分を含んでおり、酵母の醗酵を促進し、きめ細やかさもあり、日本酒醸造に適しています。原料の米は地元広島産にこだわり、地域に根ざした酒造りを目指しています。また東広島酒米推進協議会に参加し、生産者と意見交換を行い、より良い酒米、日本酒を追求しています。技術的には東広島市安芸津町出身の醸造家三浦仙三郎を祖とする広島杜氏の技を伝承踏襲しています。

二〇二三（令和五）年五月に発表された令和四酒造年度全国新酒鑑評会では金賞を受賞しました。

❖賀茂鶴酒造　賀茂鶴展示室（広島県東広島市西条本町四―三一）

賀茂鶴酒造は、一八七三（明治六）年に酒銘を加茂鶴と命名。一九〇〇年のパリ万博名誉大賞受賞をはじめ一九七四年から一九九一年まで全国新酒品評会で一八年連続金賞などたくさん受賞しています。

賀茂鶴展示室への入口にみられる湧水を「福神泉」と呼びます。この井戸水は龍王山の伏流水で、賀茂鶴の仕込み水として使用しています。日本酒の約八〇％は水です。自然の恵みが育む、適度なミネラルを含んだ上質な「軟水」により口当たりの良いやさしい柔らかな酒が生まれます。

まず映像室で賀茂鶴酒造について映像展示を見た後、それぞれの展示を見ていきます。「米・水・技」「蒸米、甑」、「麹室」、「仕込み」、「搾り」と

賀茂鶴酒造

続きます。賀茂鶴のほとんどが展示されているコーナーもあります。

酵母の存在が知られるまで酒の品質は蔵によって大きく異なりました。明治時代に入って酵母がアルコールを造ることが分かり、日本醸造協会が良質な酒を醸す銘醸蔵の酵母を培養し、全国の酒蔵に配布するようになりました。一九二一（大正一〇）年には賀茂鶴が全国酒類品評会で一位から三位までを独占。賀茂鶴の酵母は優秀性を認められ、五番目の「協会酵母」として全国の蔵に配布されました。

賀茂鶴は、酒造りの原料となるお米に責任を持つため自社で精米した白米を使用しています。雑味のない澄んだ酒を求めるために酒米は時間をかけて磨きます。たんぱく質が少なく良質な澱粉質である米の中心部分だけを残すために最低でも一〇時間、最高級の大吟醸米まではおおよそ一〇〇時間かけて精米度合いを三二％まで磨き上げます。

賀茂鶴は一八九八（明治三一）年に同じ西条の佐竹製作所（現在の株式会社サタケ）から日本発の動力精米機を導入して以来、精米の技術を高める努力を重ねてきました。これが後に精白度の高い「吟醸酒」の開発へとつながりました。

「広島錦」は昭和初期に広島県で推奨品種とされていた酒造好適米です。やや小粒で酒にすると芳醇な味わいとなる特徴がありますが、背が高く倒れやすいことなどの理由から栽培されなくなりました。賀茂鶴酒造は、その芳醇な味わいを求め、委託農家の協力のもと「広島錦」を復活させました。

麹室は神が宿るという神聖な場所で、酵母の存在が明らかになる前は「麹室」に酒の神が宿っていると考えられてきました。今でも杜氏、蔵人が情熱を注ぐ神聖な場所に変わりはありません。ここでは実大のジオラマで見ることができます。麹は蒸米のデンプンをブドウ糖にたんぱく質をアミノ酸に分解する酵素の生成と酵母の栄養となるビタミンなどを生成する役割を担います。日本酒の味にはこの「麹」が重要な役割を果たし「麹」がよくなければ、その後の仕込みに精魂込めてもよい酒は望めないと杜氏は言います。

釜の蒸気は屋根を伝い冬の酒蔵を飾ります。蒸米の工程は米のデンプンをα化して酵素による作用を受けやすくすることが目的です。余計な水分を除くために賀茂鶴では、木製の甑を使用しています。八号蔵で使用している甑は大阪で製造された日本最大級の木製甑です。一度に二五〇〇から三〇〇〇リットルの米を蒸すことができます。蒸米は、麹をつくるとともに「酒母」や「もろみ」の掛米として使われます。

賀茂鶴の本社は、展示室を出て西国街道西条四日市宿にあった本陣の御門横にある建物です。さらにその横を通り抜けると賀茂鶴工場になります

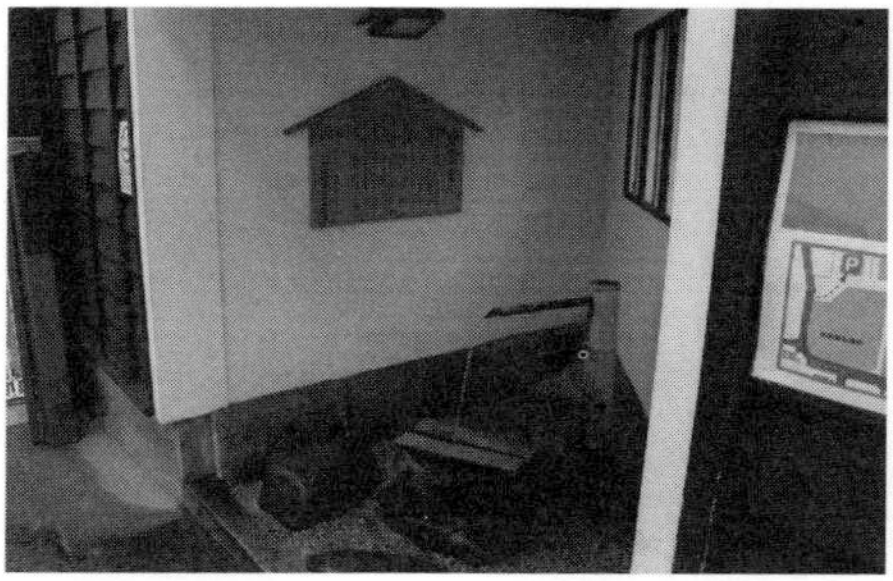

竜神井戸

賀茂鶴展示室

賀茂鶴展示室

❖福美人酒造（広島県東広島市西条本町六―一二）

一九一七（大正六）年創業。平成に入ってからも全国新酒品評会で七回の受賞実績を持っています。

展示室は商品直売所を兼ねており、やや雑然とした印象ですが、なかなかユニークなものもあるので紹介しましょう。

創業時の鬼瓦をはじめ法被、滑車、桶、櫂などが、無造作に床に置かれています。福美人陶器瓶（四斗、二斗、五斗）一六個、運搬用に用いられたもの、朱漆角樽一個が槽の上に並べられています。これらは、得意先へ貸し出した小口の酒の運搬用で、リサイクルされて使用されたものです。

歴代総理大臣が揮毫した「國酒」の色紙が、大平正芳、鈴木善幸、中曽根康弘、竹下登、宇野宗佑、宮澤喜一、細川護煕、羽田孜、村山富市、橋本龍太郎、小渕恵三、森喜朗、小泉純一郎、安倍晋三、福田康夫、麻生太郎、鳩山由紀夫、菅直人、野田佳彦、安倍晋三、菅義偉と二一枚あります。

酒搾り機の小型模型や小型のジオラマがあり、その後ろには創業当初から全国よりここに酒造りを学びに来たことを証明する『西条酒造学校』と墨書された木製の看板が下げられています。自然の圧力で絞る「吊り下げしぼり」という方法で絞った「しずく酒」のコーナーがあります。量産できない贅沢で希少な逸品である「しずく酒」は無濾過のため、斗びん囲いで冷蔵庫にねかせることが求められます。

また広島カープファン必見の元祖『たる募金』の樽が展示されています。

福美人酒造

一九四九（昭和二四）年、原爆被害からの復興の一翼を担うべく親会社のない市民球団として結成された広島カープは設立当初から資金難に陥ります。選手への給料の支払いをはじめ、日本野球連盟への加盟金も払えない状況でした。解散や合併の話が現実味を帯び始めた設立二年目。『我が広島カープを救え』と広島市民が立ち上がります。当時の本拠地であった広島市民球場（現在の広島県民総合グランド野球場）入口に二つの酒樽を設置して樽募金を開始したのです。そして球団継続に必要だった四〇〇万円を集め、危機脱出に成功します。その時に使われた酒樽こそ福美人酒造の酒樽なのです。その後たる募金は、平成一六（二〇〇四）年に始まった新球場建設たる募金月間キャンペーンへと受け継がれ、一億二千万円超の寄付を集めることに成功し、新野球場は二〇〇九（平成二一）年に無事開場しました。

歴代総理大臣が揮毫した「國酒」の色紙

広島カープを救った『たる募金』の樽

展示フロアア全景

❖亀齢酒造（広島県東広島市西条本町八―一八）

亀齢《きれい》吉田屋の祖先は毛利氏の家臣であったと伝えられ、一八六八（明治元）年、当主石田幸太郎が「亀齢」と命名しました。「鶴は千年、亀は万年」の言葉のごとく、長命と永遠の繁栄の意を込めて名付けられたものです。

入口に湧水が見られます。そこにある看板には墨書で「亀齢、万年亀井戸、湧水点、地下一四m」とあります。ここを曲がると亀齢酒造の事務所・工場があり、向かい側に「万年亀」と染め抜かれたえんじ色の暖簾が掛けられた商品展示場があります。

古くから銘醸地として西条の酒造業が栄えているのは、良質の広島県産米、豊富な醸造用井水、杜氏の醸造技術の高さに恵まれたことによります。西条酒造組合では、二〇〇二（平成一四）年から、産地の特徴をより明確にした西条産地呼称の基準を設け、審査に合格した酒に認証キャップシールをつけ、高品質の純米酒・吟醸酒の発売をはじめています。

なお「西条の酒造施設群」は、二〇一七（平成二九）年に日本の二〇世紀遺産に選定されました。

万年亀井戸

亀齢酒造

❖西條鶴醸造（広島県東広島市西条本町九―一七）

一九〇四（明治三七）年創業。地名の西條とめでたい鶴を合わせて西條鶴と命名、創業より使用の酒蔵、母屋塔は二〇一六（平成二八）年に国の登録文化財に指定されています。規模を大きくすることよりも伝統の製法をかたくなに守り、人の手による手間を惜しまない酒造りにこだわる蔵元です。

水は創業時から守り続けた「天保井水」を使用。酒米も広島県産にこだわり、農家との契約栽培によってその品質にも厳しく目を光らせています。一九六九（昭和四四）年には、日本酒業界では初めて防腐剤無添加を世に問い、現在も添加物に頼らない良心的な酒造りに邁進しています。創業時と変わらぬ酒造方法と酒造用具、西条で唯一現役の煉瓦煙突を守る大変稀有な蔵元です。

西條鶴のラベルは『元宋の赤』と呼ばれた赤色が特長であり、文化功労者や文化勲章など数々の名誉を受けた日本画家奥田元宋画伯の手によるものです。画伯が広島県出身であったことが縁となったようです。入口を入ると酒造りのパネル展示で西條鶴の仕込み水についての紹介があります。続いて暖気樽ほか三種類の樽や棚の実物展示があり、いよいよ昔ながらの酒造りのパネル展示です。カラー写真パネル、解説パネルが掲示されています。

西條鶴酒造

日本酒の命は米と水、そして厳選した素材を最上の酒へと昇華させる酒造りの技。どれ一つ欠けてもよい日本酒を醸すことはできません。最近は機械による大量生産が増えていますが、昔ながらの手造りには機械ではまねのできない違いがあります。

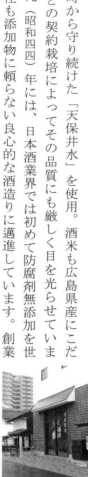

天保時代から守り続けてきた西條鶴の伝統の醸造技術の過程を見てみましょう。

洗米・浸水の工程を終え、程よく水分を吸った米を蒸しあげます。時間はその日の気候や室温によって変動しますが、一時間前後。西條鶴では甑という昔ながらの道具を使います。蒸すことで米のデンプンは湖化され、麹菌が繁殖しやすくなります。

種付け／麹室へ引き込んだ蒸米に麹菌をつけていきます。菌が全体に行き渡るようにするために繊細な作業が必要です。

製麹／蒸しあがった米は麹菌が繁殖しやすい温度まで冷やします。西條鶴では蒸した米を職人が素手で広げ、手先の感覚で頃合いを見極めます。適温になったら種麹をふり保温と切り返しを約二日間続けます。

酒母造り／蒸した米、水、麹がそろったらこれらを合わせて酒母をつくります。酒母は酒の元となる重要な要素、温度と櫂を入れてかき混ぜるタイミング次第でその出来が大きく左右されるため、特に慎重な作業が必要となります。

仕込み／酒母が出来上がったら仕込みです。酒母へ麹と酒米、水を三段階に分けて添えます。これは「添え仕込み」といわれる日本酒独特の方法で「初添え」「仲添え」「留添え」と呼ばれます。ここでも重要となるのが、温度管理、日本酒の味を決めるといっても過言ではありません。

西條鶴の酒蔵には伝統の酒造りが今なお残

廊下の展示

玄関の飾り

されています。蔵の各所には酒造りの神を奉ってあります。このような風景が見られる酒蔵は日本全国でも数少なくなっています。西條鶴では日本の伝統文化を残すためにも昔ながらの酒造りにこだわっているとのことです。

❖白牡丹酒造　（広島県東広島市西条本町一五―五）

白牡丹酒造の歴史は、古書によると「慶長五年九月、関ケ原の戦いに島左近勝猛、西軍の謀士の長たりしも、戦に敗れ、長男新吉戦死す。次男彦太郎忠正、母と共に京都にありしが、関ケ原の悲報を聞き西走して安芸国西条に足を止む。彦太郎忠正の孫、六郎兵衛晴正、延宝三年酒造業を創む」とあります。

太田南畝は、『小春紀行』（文化二年）のなかで、江戸への帰途、嘉登屋島六郎兵衛宅に泊り牡蠣調理したものを肴に島氏の酒を呑んだことが記載されています。また一八三九（天保一〇）年に嘉登屋島小十郎が鷹司家から清酒献上内命を受けたので秘蔵の酒を献上したところ、この酒を関白鷹司政通が讃え、島氏は酒銘「白牡丹」（鷹司牡丹）の命銘額を下付されました。一九〇〇（明治三三）年にはパリ万国博覧会に出品。

西条が四日市と呼ばれていた旧藩時代の記録によると、四日市の井戸の水は『冥加の水』といわれていました。冥加とは「目には見えない神仏のお助けを戴くことができる」と言い伝えられてきた故事によるものです。当時山

白牡丹酒造

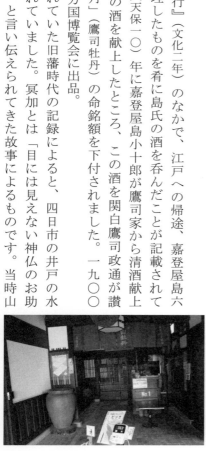

陽道の宿場町としてにぎわった四日市は、四方山に囲まれた盆地の中にあります。旅人は急な坂道、山道を登り続けてやっとたどり着き、この井戸水で旅の疲れをいやしたのです。

白牡丹は、一六七五（延宝三）年の創業以来「冥加の水」を仕込み水として三〇〇年以上使い続け、その時代ごとに愛される「うまい酒」を造っています。

なお棟方志功、大田蜀山人、夏目漱石、今東光らの文人と白牡丹との交流も知られている。

❖山陽鶴酒造

（広島県東広島市西条岡町六―九）

創業は江戸時代後期、本永本家によって一九一二（大正元）年に創立。一九四九（昭和二四）年に山陽鶴酒造株式会社に社名変更し現在に至っています。山陽鶴の由来は、山陽道の黒松に鶴が飛んできたというエピソードによるものとされています。

以上の他、東広島市黒瀬町に金光酒造があります。江戸期から醤油醸造を行っており、明治に入り酒造を始めました。黒瀬には最盛期で一二、三の酒蔵がありましたが、現在では金光酒造のみとなりました。

山陽鶴酒造

東北《岩手県》

南部杜氏とは、岩手県石鳥谷町を拠点に日本酒を造る杜氏集団で、丹波杜氏、越後杜氏とともに日本三大杜氏とも呼ばれています。南部藩（正式には盛岡藩、八戸藩、七戸藩）出身の杜氏たちのことを南部杜氏と呼び、同領内で伝統的に継承されてきた日本酒の醸造技術を南部流と呼んでいます。

一五九九（慶長四）年に南部氏が徳岡城を築いて三戸から移ってきた時、徳岡城下にはいち早く近江商人が進出してきました。その一人に近江国高島郡大清出身の村井権兵衛（旧姓小野氏）がいました。村井はもともと東北で獲れる良質な砂金に魅かれ、南部まで足を延ばした近江商人の一人でした。やがて村井は、志和（紫波）に土蔵を建て商売の本拠とし、「近江屋」という造り酒屋兼質屋を開業します。当時としては珍しい澄酒（清酒）の製造販売に当たりました。「濁り酒」の味しか知らなかった南部の人たちにとって、関西酒仕込みの澄酒はまさに「美酒」だったのでしょう。近江屋は大いに繁盛し、現在の紫波・稗貫一帯にいくつかの分家（出店）を持つに至りました。

自らの蔵で造る酒だけでは足りず、不足分を付近の農家に委託して造らせるようになります。これにより南部の農民に酒造技術が伝わるとともに、積雪で閉ざされる農家の副業として冬季の酒造りは南部の土地に定着しました。

明治時代にその子孫が石鳥谷へも進出して酒造りに当たりました。澄酒造りの杜氏は、はじめは関西地方から招かれていましたが、やがて外来杜氏に代わって地元杜氏が酒造りを総括するようになりました。その始祖を明らかにするのは難しいのですが、村井権兵衛の分家である井筒屋一族では宝暦年間（一七五一～一七六二）頃に、すでに地元杜氏に代わっていたといわれており、これ以前にあることはほぼ間違いないと考えられます。

杜氏の発生過程は二つあります。一つは、造り酒屋に酒造労働者として働いているうちに、外来杜氏の伝授を受けて後継者となった地元杜氏。もう一つは、酒造業者から委託を受けて酒造りに当たった引き酒屋杜氏です。引き酒屋は農業の片手間に二～三石程度を酒造し、稼働はもっぱら自家労働力でした。従ってその家の主人が杜氏を兼ねることになります。酒質を統一する必要があるため、酒造業者は専属杜氏を巡回させて技術指導に当たりました。こうして関西流の酒造技術がその家に定着し、その技術は子弟に継承され、これがやがて出稼ぎ杜氏の先駆となったと考えられます。

稲村徳助は近代南部杜氏の始祖の一人といわれています。一八一九（文政二）年に石鳥谷町の飯垣万五郎の長男として生まれ、紫波町日詰の商人稲村長四郎の妹そめと結婚し稲村姓を称し、のちに石鳥谷に居を構えます。徳助は郡山の井筒屋の別家である石鳥谷の酒屋に勤め、酒造りの研究に励み、弟子の育成にも熱心に取り組んだようです。性格は温厚でしたが、酒造りに関しては厳格な態度で指導に当たり、蒸し取りのこぼれ米などは絶対に捨てさせなかったといいます。徳助の杜氏としての評判は高く、彼の指導を受けようと、杜氏部屋を訪れるものが後を絶たなかったといいます。

平成二二年の時点で南部杜氏協会会員の杜氏は二二二人で、就業先は南は山口県、北は北海道に及んでいます。

❖南部杜氏伝承館

（岩手県花巻市石鳥谷町中寺林七―一七　道の駅石鳥谷内）

岩手県花巻市石鳥谷町の道の駅に併設されている施設で、昔ながらの蔵造り風の建物です。二〇二三年七月にリニューアルオープンし、かつては有料だった入館料が無料になっています。

館内展示を見てみましょう。「南部杜氏の起源とこれまで」では、南部杜氏の発展とその歴史、日本三大杜氏といわれるゆえん、近江商人、村井権兵衛の果たした役割、稲村徳助の功績、杜氏と蔵人、その役割、「酒つくりの基本と杜氏の仕事」では、清酒は何でできているのか、「水」の役割、清酒の製造工程、「米」の役割、「麹」の役割、杜氏に役割とその仕事について、酒の味を決める杜氏の技と勘、「酒つくりの今むかし（1）」では、大正・昭和初期までの酒つくり、酒つくりの集団形成と南部杜氏の発展、「日本山海名産図会」、杜氏の給料はどのくらい、「酒つくりの今むかし（2）」では、現代の酒つくり、安定した味を続ける技、杜氏と科学、機械化が進む清酒の製造工程、照井堯造の功績などが紹介されています。さらに「味と香りの表現、食との関わり」というテーマが掲げられています。

南部杜氏伝承館

また、「酒つくりの道具」では酒造工程と道具が一か所に集められた展示、さらに二mを超える桶、酒器の様々な陶磁器、南部杜氏に関連する酒造メーカーのこも樽、酒瓶などが集められています。中央のテーブルには訪問記念スタンプ、酒印帳などが用意されています。

最後には試飲コーナーがありましたが、ここは有料となっています。多くの酒樽が置かれていたわりには、試飲対象の酒はわずかに六本でした。

南部杜氏の碑

花巻市石鳥谷町の熊野神社の境内の片隅に建てられた松尾神社石碑の背面には、近代南部杜氏の先駆者とされる稲村徳助をはじめ徳助の門弟とされる畠山六兵衛、菊池善七、藤沼弥蔵、藤沼の市五郎さらにその門人など五十四名と酒造家、麹製造者など九名など酒つくりに関わる人々の名前が刻まれています。この碑は、恩師の遺徳をしのび、門人や酒蔵関係者によって建てられました。「松尾神社」は酒造の神として醸造家や杜氏酒蔵関係者らに崇敬されています。同様の碑は、花巻市矢沢、北上市更木ほかにも建立されていますが、そのほとんどは地元の酒蔵関係者の名前のみで、この碑のように各地の杜氏や酒蔵関係者の名前を刻んだものは見られませ

入口正面には菰樽が

酒造り道具

仕込み桶

松尾神社石碑

ん。その後、一九二〇（大正九）年に南部杜氏組合により社殿が建立され、京都の松尾神社より正式にご神体を勧請しました。この碑は南部杜氏の系譜と各地で指導的役割を果たしていた状況が合わせて示されている貴重な歴史資料として二〇一二（平成二四）年に花巻市指定有形文化財に指定されました。

前庭の芝生には、清酒業界の発展に尽くした照井源之亟の胸像と解説板が設置されています。照井源之亟は一八七五（明治八）年、紫波町赤石で当時名杜氏として知られた藤沼市五郎の次男として生まれ、のちに照井源蔵の養子となって照井家を継ぎます。十九歳の時に盛岡の平井酒造場に入り酒造りのスタートを切ります。その後水沢の松本酒造場の青年杜氏となり、三一歳の時には兵庫県の西宮酒造で酒造の研究に励みました。

帰郷後の一九一一（明治四四）年には養父源蔵とともに照源酒造店（のちの株式会社宝峰）を創業し銘酒宝峰を吟醸しました。源之亟は岩手県の酒造業界の発展につとめたほか石鳥谷町会議員をはじめとする要職を歴任し一九四三年（昭和十八）七月一八日に六九歳で亡くなりました。

照井源之亟の胸像

❖石鳥谷歴史民俗資料館（岩手県花巻市石鳥谷町中寺林七―七）

道の駅石鳥谷に併設されている花巻市立の生涯教育施設の一つです。道の駅の奥に位置しており、その前には図書館があります。資料館前方には立派

石鳥谷歴史民俗資料館

な塀が、正面玄関にはまるで武家屋敷のような門があります。またこの資料館には南部の酒造りの歴史を物語る酒造用具のほか、縄文土器をはじめ全国でも珍しい熊の土偶、傘形訴状の古文書などの資料も展示されています。

入口の「昔の石鳥谷」のコーナーにはここで造られていた酒のラベルやミニチュアの菰かぶりが多数置かれています。次の「世界の酒器」のコーナーでは世界各地の酒器の展示が見られます。ヨーロッパで使われていたワイン製造用の果実搾り機が置かれ、ビールジョッキやグラス、洋酒の瓶などがガラスケースに無造作に並べられています。次のコーナーでは、日本各地の陶磁器の酒器が展示されています。

続く建物には国の重要民俗文化財に指定されているものの保管施設の表示があり、天井からは酒林（杉玉）が吊り下げられています。国重要民俗文化財指定品は総計一七八八点で、その内訳は、米研ぎ用具五二点　蒸し用具一一一点　麹つくり用具二一六点　酛取り用具一三一点　仕込み用具一〇五点　槽掛け用具五八五点　夏囲い用具六五点　詰出し用具一五五点などです。

次に、南部の酒造り工程の展示を見てみましょう。

館の展示は二フロアで構成されていますが、ほとんどの酒造り道具は一階に展示されています。以下作業工程に沿って道具を見ていきましょう。

桶直し（おけなおし）　蔵入り前になると桶屋が入り、桶建て（桶を新調すること）、大桶をはじめ枝桶、酛卸桶、半切りや試桶・暖気樽・ごんぶり・かすりなどの小道具類に至るまで輪替え（桶の胴にはまっている輪の古いものを新しいものに取り替えること）や締め直しなどの修理を行いました。輪替えの済んだ容器は、桶の胴径が変化し容量が変わるので桶の容量を測定しなおさねばなりませんでした。

ここには桶や樽造りに使用される、形型、曲金、墨壺、墨差しをはじめ、割鉈、鉈、鋸、携帯鋸、目付金槌、外鉋、内銑、内鉋、平鉋、入鉋等五六種類の道具が集められています。

米搗き（こめつき）　古くは臼に玄米を入れ、杵または足踏みで杵を打つ足踏み精米でしたが、天明の頃（一七六〇年代）から、水車動力精米が盛んになりました。精米時間は長く、掛米（蒸した後、放冷して直接もろみに仕込む米）で四〇時間、酛米（酛用に使われる米）で五〇時間ほどかかり、精米度合いは九〇％程度であっただろうとされています。玄米が三斗五升（六三リットル）入俵や叺《かます》に詰められ、荷車や馬の背につけられて酒造蔵に運び込まれるのは、毎年一〇月末から一一月にかけてでした。

ここでは米俵、胴臼、横杵、臼かすり、唐箕、米枡、米漏斗、叺などの道具があります。とくに唐箕等はかつての農村ではよく見かけたものです。

水汲み　酒造りには、仕込み以外にも桶洗い、米研ぎなどに大量の水が使われます。昔ながらの井戸のつくりは、深い部分は石積や丸い板枠で囲い、地表およそ三尺余り（一m）には「井」の字形の木枠をはめ、木枠と石積みの接点には、汲み上げた釣瓶を載せられる休み板をつけるのが普通でした。汲んだ水はいったん水槽に貯められ、そこから必要な場所に荷担桶で運び、樋《とい》を使って送水しました。また仕込用に良い水の得られない酒造蔵では、遠方より水樽で搬入しました。

ここでは釣瓶、釣瓶車、水管、水樽、荷担棒、荷担桶、樽詰漏斗などの道具が集められています。

米研ぎ　米研ぎは白米についている糠を取り除くために行う作業で、手洗いと足洗があります。手洗いは酛米・麹米、高度精白米など米の砕ける恐れのある場合に行いました。足洗いは、踏み研ぎ桶に一斗から一斗五升（約一八〜二七リットル）の白米を入れ、約二斗（約三六リットル）の水を手桶で注ぎ、手で充分かきまわし、白濁水を流し適当な水加減とした後、両足を入れて、両手を前面の水槽に支えながら足を交互に動かし、足の爪を立てて、足の甲で米をかき混ぜるようにして研ぎます。七〇回踏後、三〇回踏後に水がえを、最後に清洗、研ぎ上げ笊にあけ、掛水をして清桶に入れます。こうして八石から一〇石（約一・四四〜一・八キロリットル）の米を研ぎ終えるのに、四人で大体三時間から三時間半かかりました。

日本酒の博物館（東北）

酛とり

桶直し

添仕込み

米搗き

槽掛け・滓引き

蒸し

火入れ、夏囲い

麹つくり

ここには、踏研桶、流米受袋が展示されています。

漬米（浸漬米）　搬入された米は、酒造りに不必要な部分を削り取る精米作業が行われます。さらに米の表面に残っている粉を洗い落とす洗米作業が行われます。洗われた米は、良い蒸米にするために水に漬けられ、蒸しの段階を待ちます。

ここには米上げ笊、漬桶、漬桶、さな、さな受け布、漬米かすり、笊のせ掛場などの道具があります。

蒸し　水に漬けて充分水を吸わせた米を、笊にあけて甑に入れて蒸します。甑に一焚きに入れる量は、普通約八石～一〇石（約一・四四～一・八キロリットル）で、一石蒸すのに約一石の水が必要で、普通八石か一〇石もの釜が使われました。燃料は楢や松で明治末頃から大正時代にかけては石炭も使われるようになりました。釜の炊きつけは午前二時頃、蒸米完了は五時頃で、約三時間から四時間ほどかかりました。

ここでは釜、火掻き棒、鬼蓋、月の輪、甑、甑さな、独楽、仕切布、網布、甑おおい布などがあり、蒸かし取りの作業用の道具としてひねり板、つまご、つまご型木、分司、蒸かすり、蒸溜のせ掛場、蒸溜などの道具が集められています、

冷まし　蒸かしは、放冷には分司や蒸かしかすりにより、莚《むしろ》に広げ、冷まします。放冷には、朝の冷気が最適とされ、一番冷える朝六時から七時頃がその時間帯です。莚についている雑菌が蒸かたに付くのを避けるため、昭和の初め頃から莚の上に麻布を敷くようになりました。

ここには、簀子、莚、敷き布、熊手、冷めふかし運び笊などの道具が置かれています。

麹つくり　蒸かしを、三五度から三六度ぐらいの人肌の温度まで冷ました後、麹室に入れ、床に広げ、麹菌を加えて大体一五時間から一六時間経過させます。この際、菌の培養に高い熱が出るため、堅い米、柔らかい米とばらつきができないように固まりをほぐします。その後、盛枡（指桶）で、一升（約一・八リットル）入りの麹蓋（箱）に入れて棚に積み、上下交換しながら温度を調節し、大体二昼夜ぐらいする

と麹ができます。

ここでは、着せ布、麹分司、麹蓋、破溜のせ掛場、盛桶、麹かすり、麹塵取りなどの道具が集められています。

酛とり　半切（桶）に十分冷えた水を入れ、これに麹を入れてかきまわし、その中に十分冷やした蒸し米を加え、手でかきまぜます。水分が充分蒸し米と麹に吸われた頃に酛（酒母）をそろえて、作業歌に併せながらすりつぶします。酛すりを終わった後、いくつかの半切の内容物を、酛卸桶の中へ合併し、一日一回くらいの熱湯を詰めた暖気樽を入れて少しずつ温度を上げてゆくと内容物は醗酵し、酛（酒母）ができます。この間、約三日要します。

ここではもと半切、篦櫂、もと摺櫂棒（さてい櫂）、手摺櫂、鬼櫂、乳酸壜、酒母汲み掛け筒、もと卸桶、もと卸桶蓋、もと櫂入踏台、はす、菰、暖気樽、もと泡竹他が集められています。

添仕込み　酛（酒母）ができると、これにさらに蒸し米と麹と水を、初添え、仲添え、留添えの三段階に分けて加えていきます。初添え、仲添えの段階では、まだ仕込みの量が少ないので添桶（枝桶）に仕込みが普通です。初添えの翌日は踊りといって仕込みを一日休み、酵母の増殖を増やします。仕込みの直後から、日に一から二回櫂入れを行い、内容物をよく混合させたり温度を一三から一四度に保つように樽を莚で覆ったり、はがしたりして温度を調節します。

ここでは初添えに関連して四尺桶、五尺桶、尺桶、尺桶蓋、掛台、歩み板、試桶、こんぶり、仲添えでは、掛場、もと杓、もと漏斗、仕込み用櫂謀、大櫂、留添えでは、冷温機、泡笠、網櫂、醪泡竹、泡消し、泡篦、小半切などの道具が集められています。

槽掛け・滓引き　醗酵の終わったもろみを込み桶で、麻布の渋抜きした酒袋数枚に詰め、酒槽の中に積み上げ、銅蓋を乗せ天秤の端にかけ、縄に縛り付けた掛石をつるし圧搾をします。大体二昼夜で槽掛け一回八石（約一・四四キロリットル）の米から約一三石（約二・三四キロリットル）の酒を搾りました。圧搾され出てきた酒は、米のとぎ汁のように薄濁りの酒です。これを揚げ桶に入れておくと、早くて七日、遅くて一〇日から一五日くらいで桶の底に沈殿物がたまり、澄んだ酒が出来ます。この桶の底に沈殿した層を残して入口桶と澄み桶に入れ替えます。

ここでは、酒槽、簀板、下簀板、草鞋、胴蓋、滓酒槽、層枠、大盤、中盤、小盤、桟木、締木、八重巻車、きりん（ジャッキ）、まいた、掛石、引綱、釣縄、狐台、込み桶（狐桶）、醪調節器、醪袋詰機、酒袋、水のう、ころすあげ、はしり、垂半切、槽口おおい、槽掛手間溜、酒杓などの道具が集められています。

火入れ、夏囲い　滓引きした澄酒は四月上旬から五月頃に火入れと称し、釜に入れ、微生物を殺す（殺菌）とともに澄酒中の残存酵素を破壊し、熟度・香味などの調節をはかり、澄み酒「澄酒」の保存性を高めるために、五〇℃前後で熱し後、囲い桶（貯蔵桶）に入れます。貯蔵桶は高さ、口径共に五尺（約一・五ｍ）や六尺（約一・八ｍ）のもので、普通二〇石から二三石（約三六〜四一・四リットル）の貯蔵が可能な桶を用意しました。

ここでは、火入れでは火入れ蛇管、夏囲いでは、六尺桶、六尺桶蓋、細高桶（口径五尺、高さ六尺）、細高桶蓋、沓、大桶用梯子、縄梯子、こみ、目張紙、木呑、火呑、箱呑、鷲、木槌などが集められています。

詰出し　出荷は主に樽詰めで行われた樽は、杉材を円筒形に組み竹を編んだ箍《たが》でこれを締め、底部と蓋を固定したもので、わずかに円錐形をしたものが一般的です。容量の種類は四斗（七二リットル）入りの四斗樽、（大樽）、二斗入り（三六リットル）入りの半樽、一斗入り（一八リットル）入りの斗樽が普通ですが、五升（九リットル）三升（五・四リットル）、一升（一・八リットル）入りの樽も使用されました。

ここでは大樽（四斗樽）、半樽（二斗樽）、斗樽、陶器瓶などが展示されています。

桶洗い　木桶が用いられた時代には、仕込み、貯蔵などに用いられる桶の洗浄は酒造り同様重要な作業でした。秋洗い、春洗いの二種が恒例の洗浄作業でした。秋洗いは一〇月頃、酒造期の始め、仕込みに先立ち、治郎箒、ささらなどの道具を用い、雑菌による汚染やその他塵埃などを手作業で除去すると共に、熱湯及び日光により殺菌効果を上げようとするものです。春洗いは使用済みの後始末と、貯蔵桶については、火入れ・貯蔵に備えての本格的な洗浄を行います。ここでは、下駄（足駄）、洗い杓、湯杓、洗半切、治郎箒、ささら、布巾など十三種類の道具が展示されています。

二階への階段壁面には酒造会社の木製の大きな看板や表彰額が掛けられています。

二階には、各酒造の袢纏、法被、前掛けなどの着衣類、北海道庁釧路支庁から出された杜氏鑑札、朱塗りの角樽、松尾大神の掛け軸、松尾大社の神棚や各種旗類なども展示されています。

詰出し

2階展示室

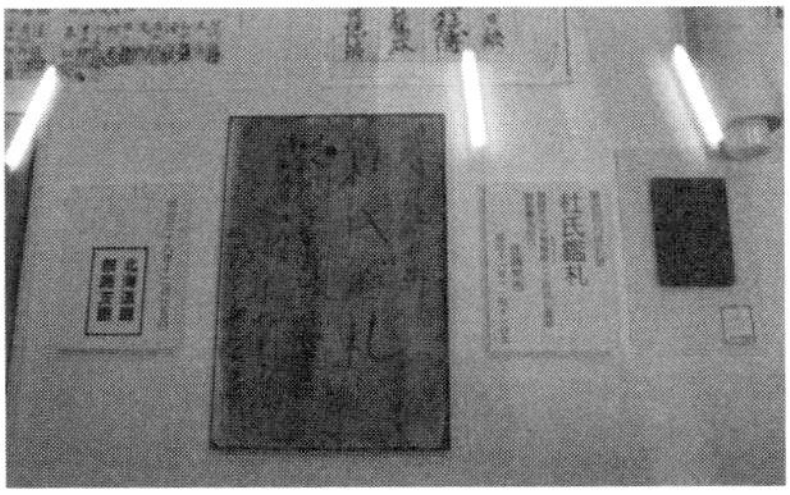

杜氏鑑札

七福神の法被

❖石鳥谷農業伝承館（岩手県花巻市石鳥谷町中寺林第七地割）

南部杜氏伝承館、白鳥谷歴史民俗資料館、図書館などがある道の駅白鳥谷に隣接している花巻市立の農業民俗資料に特化した博物館施設です。

館では「今・学ぶ・先人の思いと知恵」をテーマに、昭和初期の稲作に用いられた道具類を中心に農業文化について紹介しています。南部杜氏の出身地の主たる産業を知るためにも有効です。

また、詩人・童話作家である宮沢賢治の、農業指導者としての一面や、葛丸川とその周辺の自然に関する作品などについて紹介しています。

❖廣田酒造店（岩手県紫波郡紫波町宮手泉屋敷二一―四）

南部杜氏発祥の地で続けられている酒蔵の一つです。一九〇三（明治三六）年紫波町で初代蔵元廣田嘉平治が創業しました。酒蔵といってもあくまで、そこは酒造りの工場です。内部は独得の雑然さがあります。ここ廣田酒造では、片隅でガラス瓶を水洗しています。それが終わった瓶は箱に詰められて外部に出されていきます。これらが再びここに戻る日は、醸造作業が終わって瓶詰め出荷という段階です。

外部をブルーに塗装された貯蔵タンクが幾つか並んでいますが、多くはありません。琺瑯製のタンクの底には補修した痕跡が見られます。やがてこの

廣田酒造店

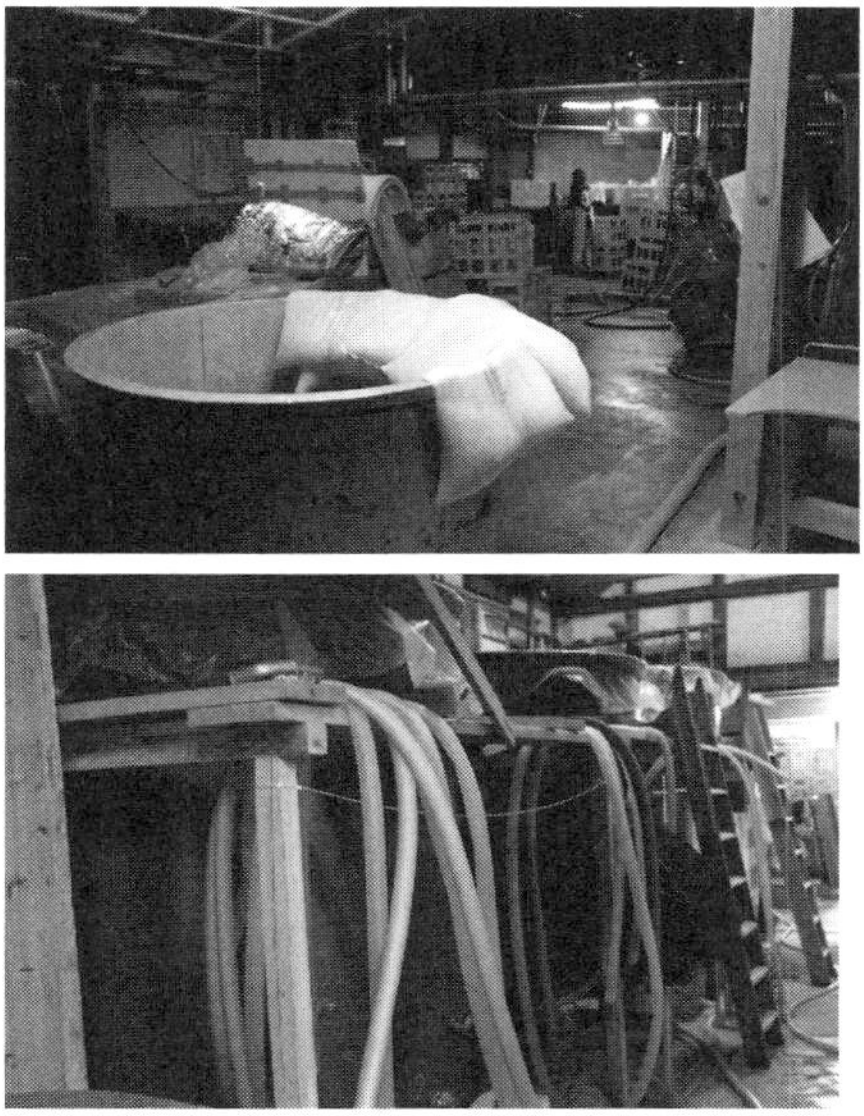

酒造りが始まる前の工場

タンクはほどなくするとお酒で満杯となります。搾り機はかなり大きいものでしたが、型は古く能率的ではないという話でした。麹室も拝見できましたが、まだ製作工程には入っていないので、中は雑然と箱が置かれている状態でした。

❖あさ開き酒造（岩手県盛岡市大慈寺町一〇—三四）

一八七一（明治四）年、南部藩士であった七代目村井源三が、武士を捨て、現在地で酒造りを始めたのが、あさ開き酒造の創業です。侍から商人への再出発と明治という時代の幕開けにかけて「あさ開き」の名をつけたとされています。

あさ開酒造の精神は「時を拓き、心を開く」で、数々の試練の時を迎えても、常に時代を拓き、人々の心を聞きながら常に未来を展望し、いかなる困難にも打ち勝つというものです。なお「あさ開き」とは、『万葉集』に収められた和歌にちなんだもので、船が早朝に漕ぎ出す歌の枕詞です。

売店のある本社の建物の奥の大きな建物は瓶詰め工場です。瓶詰め作業のほか、製品の異常の有無、不純物の混在の有無など、目視による検査が行われています。その建物の側面にあさ開き酒造にとっては重要な井水があります。

ところで、あさ開き酒造のある盛岡市大慈寺町界隈は清冽な地下水の豊富な地域です。周辺には「岩手川」の酒蔵をはじめ「大慈清水」や「青龍水」と呼ばれる生活用水の湧水を中心に蕎麦屋や豆腐屋など、水にかかわりの深いお店がたくさんあります。

日本酒の成分は約八〇%が「水」であることから、うまい酒は「水」で決まるといっても過言ではありません。「日本酒あさ開」の仕込み水は、弱軟水の地下水で「蔵元銘水」と名付けられ、都内の一流ホテルでも使われています。

ここを通り抜けると、赤い鳥居が建ち並ぶ参道に出ます。その奥に祭られているのが八幡稲荷神社で、会社の守護神です。八幡稲荷神社は、明治のはじめ南部藩士であった七代目村井源三が武士を辞めて商人を志し事業家として第一歩を踏み出した際、商売繁盛、家内安全、諸願成就を願い事業繁栄の守り神である豊受姫大神を社有地の一画にお祀りしたのが本社の草創です。その後、村井家当主をはじめ従業員一同が熱心に信仰し、時節の祭事を欠かすことなく崇敬崇拝してきました。その御加護によって今日まで社運も興隆し、社業も繁栄しています。今から三十年前、工場改修工事のために神社を現在の場所に移した際、近くの銀杏の木をご神木として定め移植したところ、それまでなかなか成長しなかった樹が、みるみる大きく成長しました。この樹が現在のご神木です。一方、以前のご神木として神社のそばにあった元気のよい柿の木は、その後不思議なことに枯れてしまいました。

道を隔てて土塀が続き、古風な門があります。「昭和蔵」と看板がかかっており、杉玉が吊り下がっています。正面には団体客の見学記念撮影用の看板が用意されています。昭和蔵は四階建ての建物で、階段を上らなくてはなりません。一階入口には表彰状やカップなどが展示されています。階段を一気に三階まで昇ると、そこから工場（酒蔵）見学が始まります。

最初に見えるのは「研究室」と看板がかかった部屋です。内部の机の上にはガラスのビーカーが並んでおり、酒質の検査などを行うとのことです。

麹室では、蒸米に麹菌の胞子（種麹）をふりかけて、二昼夜（四八時間）の手作業により米麹をつくります（室温二八℃～三〇℃）。麹枯らし場（蒸し米室）は、出来上がった米麹（約四〇℃）を棚に広げ、自然に一〇℃前後まで冷やします。

釜場では、洗米を終えて水に漬けておいた米の水を切って甑《せい》に移し、釜の上で蒸米にします。酛場では、蒸米、米麹、水に酵母菌を培養します。出来たものを酛［酒母］といいます。この酛［酒母］と米麹、蒸米、水を醗酵室で醗酵させるとお酒ができます。

槽場（搾り室）では、醗酵熟成した醪（にごり酒）を酒袋に入れ、酒槽の中に積み上げ、上から圧をかけて搾ります。できたものが原酒、酒袋に酒粕が残ります。吟醸醗酵室は五〇％以下にまで磨かれた米を麹菌と酵母菌の力で醗酵させます。タンクの中の温度環境はコンピューターで管理され、櫂入れ（撹拌）も自動的にコントロールされます。洗い場（乾燥室）は、麹室、釜場、酛場等で使用した器具を洗って乾燥する部屋です。

自動製麹機室は、麹室です。昔から引き継がれた麹造りの原理により正確、綿密にコンピューターが二十四時間休まず監視・制御します。

酒母室は、酛場、蒸米、米麹、水に酵母菌を加え酵母菌を増殖します。タンクの中の温度環境は酵母菌の増殖に最も適した状態に保たれ、コンピューターで管理され、櫂入れ（撹拌）も自動的にコントロールされます。

工場内部

売　店

あさ開き酒造

井　水

八幡稲荷神社

昭和蔵

次いで四階に昇ります。案内嬢に大丈夫ですかと声を掛けられながら、最後の階段を上ります。そこにはＯＳ式完全自動醱酵プラント・タンクが設置されており、壁面にはその装置についての解説が図示されています。それによると、ＯＳ式完全自動醱酵プラント・タンクの周囲はジャケット式で、さらに完全な断熱構造になっており、冷水・湯水の通水によってその酒質に見合った理想的な温度管理がコンピューターで制御されます。またタンクの底部が球形になっており、特許の大量攪拌機により希望する時間に必要なスピード、回数で濃度の分散・温度の均一化等自由自在にコントロールされています。

醱酵室は米の澱粉を麹菌により、糖化し、その糖を酵母菌がアルコール醱酵（並行複醱酵）して醪（にごり酒）ができます。タンクの中の温度環境はコンピューターで昼夜休まず管理され、櫂入れ（攪拌）も自動的にコントロールされているとのことでした。

原料処理室は、洗ったお米を連続的に蒸しあげ、仕込み温度まで冷やします。冷えた蒸米をエアーシューターによって麹室や醱酵タンクに送ります。

醱酵タンク室は、仕込みと醱酵を行うタンクです。高さが七ｍあり、このタンク一本で使われるお米は約十五トン、出来上がるお酒は一升瓶で約三万本です。原料処理室は、洗ったお米を連続的に蒸しあげ仕込み温度まで冷やします。冷えた蒸米をエアーシューターによって麹室や醱酵タンクに送ります。

以上、工場見学では現代の技術によってコントロールされたシステムによって完璧な酒が醸造されているのには感心しました。

❖世嬉の一酒造（岩手県一関市田村町五―四二）

一九一八（大正七）年、江戸時代から続く熊文酒造を佐藤徳蔵が受け継ぎ「横屋酒造」を創立。皇室や靖国神社などにも奉納する酒屋で、皇族の閑院宮の宿泊先に指定されました。最盛期の醸造石数は三五〇〇石（約六三〇キロリットル）で、「北の濱藤、南の横屋」と称されたほど岩手を二分する規模となりました。その後、閑院宮より「世の人々が嬉しくなる一番の酒を造りなさい」と「世嬉の一」という名前をいただきました。

太平洋戦争中の一九四四（昭和一九）年、国策に従いこの地方の酒造メーカー一四社と合併し、両磐酒造となりました。戦後一九四七、八年のカスリーン台風、アイオン台風で世嬉の一の裏手にある磐井川が氾濫、死者五〇〇余人、流出家屋約六〇〇戸と一関に大きな被害をもたらしました。地域の住民は世嬉の一の石蔵に避難し助かりました。

一九五七（昭和三二）年両盤酒造から分離独立し、規模を縮小して再出発します。その後二度の水害で経営的に疲弊しつつも、世嬉の一酒造は、三つの蔵の酒造り全盛期の中、純米酒を発売するなど本物追求の酒を販売しました。その後経営不振に陥り、一九八二（昭和五七）年に共同醸造での事業継続を選択します。共同醸造とは二つ以上の酒蔵が一つの工場で酒を醸造し経費を削減することです。

一九九六（平成八）年に発売開始したいわて蔵ビールは、世界で表彰されるビールに成長し、一九九九年には現存する七つの酒蔵群が国の登録文化財に指定されます。二〇一一年東日本大震災に見舞われましたが、幸い人的被害はなかったものの、蔵が倒壊。経営的にもいきづまりますが、復興をはかり、二〇一五（平成二七）年には清酒「世嬉の一」のロンドンへの輸出を開始しました。

世嬉の一酒造

❖酒民俗文化博物館（岩手県一関市田村町五―四二）

創業初代佐藤徳蔵が酒一九一八年（大正七）に熊文酒造から引き取った後、世嬉の一酒造は大改修を行います。設計者は小原友輔です。小原は東京駅を設計した辰野金吾門下で、佐藤徳蔵の従兄弟にあたります。広大な敷地内に建ち並ぶ大正時代に建築された酒蔵群は、洋風建築と日本古来の建築が融合した蔵になっています。日本古来の土蔵づくりに欧米より技術導入された「トラス組」の小屋根を取り入れ、土蔵としては東北一の規模を誇っています。建物は、桁行二七・二〇m、梁間一五・五一m、棟高一二・二〇m、建坪四二一・九㎡、壁厚四五㎝という規模です。屋根は切妻本瓦葺き、木造二階建、一階天井高四・五m、この地方で現存する土蔵としては最大規模のものです。用いられた用材はすべて当地方の山林より切り出したと伝えられています。明治時代に欧州より鉄骨・鉄筋の技術が導入され、従来の和組の小屋組みによって大きさに限界のあった土蔵も大規模な建築が可能となりました。一九四七年・一九四八年の当地方を襲った大水害に耐えて現在に至った貴重な建築であることから、一九九九（平成十一）年に国の登録文化財に指定されました。

ここは東北有数の大きさを誇る二階建ての土蔵を改装した、酒造りに関する博物館です。そこでは酒造りの工程紹介、それに沿った一六〇〇点を超える酒造りに関する道具展示のほか、酒の神・松尾大明神を祀っている杜氏部屋のジオラマや様々な酒造りに関する資料をみることができます。以下順を追って見ていきます。

精米　一七九八（寛政一〇）年頃の伊丹の精米風景の絵画のパネルが展示さ

酒民俗文化博物館

れています。

漬米　とぎ終わった米は笊にあけ、漬桶に運び込まれる。ここで一晩ほど水に漬け、充分に水を吸い込ませる。翌朝漬桶の栓（呑口）を抜いて水を切り、漬米かすりで笊に取り出し、余分な水を切った上で、笊で搬出する。水を吸った米粒は白く、指先で押しつぶせるくらいになり、蒸かしの変化を受けやすい状態となる。

精米と洗米　酒造りに用いる米は普通のコメよりも余計にその表面を削る。古くは臼に玄米を入れ、杵または足踏みで搗《つ》いた。その後、水車動力となり、大正中ごろまでは、水車による精米が主でした。

洗米（米とぎ）　踏研桶に水と精白した米を入れて足で踏んで研ぐことが多く、米とぎは主に「働き」と呼ばれる蔵人が行う仕事で、冬場だけにつらい仕事だったようです。

精米・洗米・漬米　酒造りの適した米を酒造好適米といいます。この米を選ぶのは酒造場作業員の頭領である杜氏の裁量でした。搬入された米は、酒造りに不必要な部分を削り取る精米作業が行われます。さらに米の表面に残っている粉を洗い落とす洗米作業が行われます。洗われた米は、良い蒸米にするために水に漬けられ、蒸かしの出来るのを待ちます。

蒸かし・麹造り・酛とり　充分に水を吸った米は、甑によって蒸され、蒸米となります。この蒸米は、麹用・酛用・もろみ用などの用途によって分けられます。もろみ用の蒸米は、麹菌の繁殖しやすい温度に下げられ、室に引き込まれて工事がつくられます。次に麹と蒸米と水に酵母を加えて仕込みの前段階である酛（酒母）がつくられます。

蒸かし・蒸かし取り　釜場の焚口は床面より下で、地下に穴を掘った形で作られており、床面に釜の上部が出た作りとなっています。早朝に窯の上に載せた甑の中に漬け米を入れ、釜の蒸気で蒸かします。その量は普通八〜一〇石程度（約一二〇〇〜一五〇〇kg）であり、釜も一〇石釜が使われました。蒸米は、分

仕込みタンク

蒸かし釜など

仕込み樽

温度調節器・酒壷など

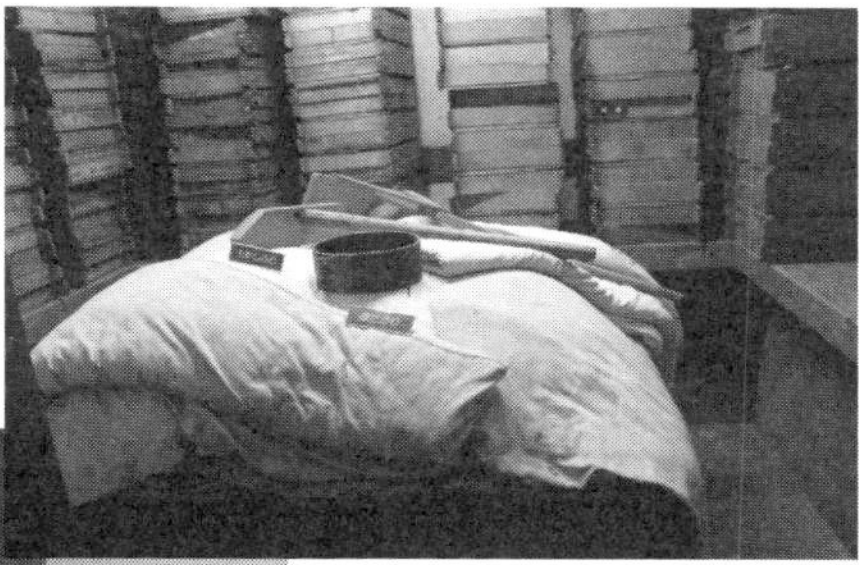

麹　室

酒造り道具

司や蒸かしかすりで取り出し、蒸かし溜で運びます。この作業を蒸かし取りといいます。

水汲み　酒造りには、多量の水が用いられます。桶洗い、米とぎは勿論のこと仕込み水は酒造りに適した良質の水が要求されます。その水源の確保は、酒造りに欠かせない大切な条件です。蔵人は釣瓶井戸から水を汲み上げ荷担桶で米とぎ場へ運びます。この水を汲むのにごんぶりを用います。ごんぶりは水組み桶であると同時に、水の量を測る枡の役目も兼ねています。

冷まし　蒸かし溜で運ばれてきた蒸米は、麹、もろみなどの用途に適した温度になるため、布の上に広げ朝の冷気によって冷まします。一番下に竹の簀子を敷き通気性を良くし、その上にむしろ、そして麻の敷布を敷きます。運ぶときにはこの敷布ごと肩に背負い、それぞれの用途の場所に運びます。

ためを掛ける場所　蒸米を運ぶ溜、水、酛、もろみ、酒などを運ぶ試桶などは使い終わると脇釜の湯をかけて洗うと同時に熱湯消毒をし、雑菌の繁殖を防ぎます。この後、ため掛棒に引っ掛けて釜場のそばの梁を利用した場所に逆さに掛けて置きます。

麹つくり　蒸米を三五度前後に冷ましたのち、もやしふりで麹菌を加えます。麹菌の繁殖により温度は徐々に上がっていきます。一五時間前後して蒸米の固まりを麹分司を用いてほぐします。この作業をきりかえしといいます。この後、盛枡で麹蓋に盛り分け、麹菌の生育の均一化をはかるため、一定の時間ごとに上下の麹蓋を交換します。引き込みから二昼夜すると、麹は室から出され、からし台で冷気に触れ、麹菌の程良く繁殖した純白の麹が出来上がります。

酛とり　朝、半切に充分冷ました蒸米、麹、水を入れます。夜水を吸った段階で、さってで摺りつぶします。この作業では、酛摺り唄に合わせて行います。ここで空気中の酵母菌、乳酸菌をたくみに取り入れ、最終的には清酒酵母を純粋培養していきます。この方法を生？系酒母造りといいます。酛摺り後、半切り六枚ほどの酛を酛卸桶に移し、温度を与えるための暖気樽を入れ、少しずつ昇温させ、酵母の増殖をはかります。一定温度に保つため、はすやむしろを用いて保温に努めます。こうして一カ月すると酛が出来上がります。

初添え・踊り　出来上がった酛（酒母）麹に麹、蒸米と水を加える際は、酒母や乳酸が急に薄まらないようにするため、初添えでは全体量の六分の一を仕込み、翌日は踊りといって仕込みを休み、酵母の増殖が充分に行われるのを待ちます。仕込み後は櫂棒で内容物をよく混ぜ、温度は一四度前後に保つように、菰をまいたりはがしたりして調節します。

仲・留添え仕込み　踊りの翌日、醗酵の力の付いているもろみに全体量の六分の二の麹、蒸米、水を仕込み、初添えから四日目に残りの量全部を仕込む留添えを行います。この時の温度は八度前後と低温で仕込み、不要な雑菌の侵入を防ぎながら麹による米の澱粉の糖化作用と、公募による糖分の醗酵さようにより、アルコールが作られていきます。留添え後五日ほどしてもろみの表面に泡が現れ，醗酵の具合により、その形を次々と変えていき、初添えから一カ月すると醗酵が、終わり、もろみが出来上がります。

仕込み　酛は大きな桶に移され、さらに工事、蒸米、水が加えられ、もろみがつくられる。この作業が仕込みです。

この仕込みは三段仕込みといい、初めは少しの量を仕込み（初添え）、一日休ませ（踊り）翌日仕込みの量を増やし（仲添え）、四日目にさらに仕込みの量を増やす（留添え）という方法がとられています。

待桶・槽《ふね》　仕込み桶からもろみを槽のわきの待桶に移します。もろみは醪酌で汲み上げ込み桶に入れ、さらに酒袋に詰めます。この作業はかなりの熟練と労力を要し、ポンプが登場するまでは待ち桶を二階（または高所）にあげ、底にホースをつけてもろみを直接酒袋に詰めるなどの工夫が施されました。槽の内部は絞られた酒を流れやすくするため、槽口に向かって溝が彫られ、底板には傾斜がつけられています。

槽掛け・滓引き　凡そ一カ月かけて熟成されたもろみは、酒袋に詰められ、槽と呼ばれる機械で圧搾され、酒（原）と酒粕の二つに分けられます。この作業を槽掛け（上槽）といいます。槽掛けを行った酒は、まだ白い小さなもろみが残り、薄く濁っているので、これを桶に移し底に沈殿するのを待ちます。この作業を滓引きといいます。

滓引き　槽掛けを行った酒は再び桶に移され、およそ一週間おき、その間に白く濁った滓を置けの底に沈殿させ、上の澄んだ部分のみを桶から抜き出します。この時には、桶の上の栓（上呑）を普通の木呑~小分けする時に使う箱呑に取り換えます。実際に酒が入っている桶で行うので、まごつくと酒が吹き出してくるだけに熟練を要します。箱の身には竹の弓を張り、呑が圧力で飛ばされないように固定します。

槽掛け　もろみを詰めた酒袋を槽の中に積み上げ、胴蓋で上から圧力を加えて搾り、酒と酒粕に分けます。槽の底にはたる木を敷き、その上にすかしを置きます。側面には竹のはらいたを立て、酒が下に流れ落ちやすくしています。槽掛けは二度行います。一度目は水槽といい、もろみの大体を絞り、二度目はせめ槽といい、酒袋を中央に寄せてさらに強く搾り込みます。こうしてもろみを搾りこむのにおおよそ二日かかります。

杜氏部屋のジオラマ

「杜氏（蔵人）の生活」のコーナーのみジオラマで表現されています。杜氏とは酒蔵で酒造りに携わる者（蔵人）の頭領にのみ称される最高職の名称です。この杜氏を頂点に各役割が決められていました。また単なる酒造技術者としてだけではなく、蔵人の親代わりの存在であり、弟子を育成する役割も果たしていました。杜氏は主人から部屋を与えられ（杜氏部屋）、他の蔵人たちの部屋（番所）とは区別されていました。杜氏部屋は簡素ながら蔵の中が見渡せる場に位置していました。蔵人たちは冬場の農閑期を利用し、約半年間酒造りに携わり、そこには新参から始まる下積み経験を経て一人前の酒造り職人が誕生していきました。

このほか階段の平場上から眺めるというほかにない体験ができる部分があります。各桶の様子は一階フロアで見た様子とはまた大いに異なっています。さらに大桶（揚桶）の内部に入れる体験用の設定がなされています。これは当該階段の平場から桶に配置された梯子を下りるもので、少々スリルがありますが、またとない体験ですので、一度試みられてはいかがですか。とはいえこのような工程は実際の酒造りには全くないものです。ちなみにそこには桶の底に入ってピースサインをする地元小学校生徒一〇人の様子の写真パネルなど三枚が飾ってありました。

酒文化博物館、レストランの奥に石造りの建物があります。**クラストン**と呼ばれるこの蔵は元精米蔵でした。一九一八（大正七）年の建築で、その後屋根を改修しています。塩竈石と呼ばれる砂岩でできているので「岩蔵」といいました。現在はレストランとビール製造工場として使用されており、二階からビールの醸造工程を見学できるようになっています。駐車場に隣接した煉瓦の蔵は麹をつくった「麹むろ」です。レストランはもとは洗米や米を蒸す場所、洗い場、蒸し場でした。

クラストン

酒文化博物館となっている土蔵の一角を利用して**「いちのせき文学の蔵」**があります。ここには館の存在意義について次のような解説があります。

「私たちは、文学による心の街おこしをモチーフに「文学の蔵」という公設民営の文学館づくりの市民運動を一九八九年（平成元）からつづけています。実現まで前途遥かですが、日本一小さな文学館ではあれ、今後の運動の拠点になるものと考えています。一関は、古都平泉への文人の頻繁な訪れ、藩政時代からの学問・文芸の伝統、近代初頭における大槻文彦博士『言海』の偉業など、豊かな文化水脈の慈育のせいか、多くの文学者を輩出しており、ゆかりの文学者も多彩で、ふしぎな文芸ポトスの観があります。展示しているのは、そのごく一部でありますが、「言葉の力を信じる」文学者たちの営為を通して、言葉を鍛え、磨き、生きることの大切な意味合いを探っていただければと念じております。ごゆっくりとご覧ください」とあります。

紹介されているのは、一関にゆかりがある文学者二一人で、色川武大、星亮一、中津文彦、及川和男、遠藤公男、内海隆一郎、井上ひさし、加藤楸邨、島崎藤村、三好京三、光瀬龍氏らで、いずれも作品（書籍）及び自筆原稿、及び自筆の色紙などが集められています。

いちのせき文学の蔵

古くは島崎藤村が寄寓し、幸田露伴や北村透谷、内村鑑三といった文化人との関わりがある当蔵。戦後すぐには、当時中学生であった井上ひさしの一家が土蔵で暮らしていたというエピソードもあります。「言葉の力」を信じる文学者の営為に触れ、「感じ、考える時間がここには流れています」と蔵の解説文は結ばれています。

北海道

北海道は、明治維新以後本格的な入植が進み、本州各地から多くの産業が新たな天地を求めて移動してきました。その一つに酒造りがあります。ビール醸造は、開拓使が国家的事業として始めたものですが、後には民間事業として大成功を収めました。日本酒は、清酒発祥の地摂津伊丹に源流を求める旭川の「男山」や、能登からやってきた柴田與次郎右衛門が始めた柴田酒造店、岐阜県大垣市出身の田中市太郎によって小樽で始められた田中酒造などがあり、いずれも戦中戦後の混乱期を経て現在に至っています。

❖千歳鶴酒ミュージアム（北海道札幌市中央区南三条東五丁目二）

千歳鶴は、一八七二（明治五）年に石川県能登から北海道にやってきた柴田與次郎右衛門が、創成川のほとりで造り酒屋「柴田酒造店」を開店したのが始まりです。ドブロクなどの濁り酒が開拓使の役人などに評判で、売れ行きは好調だったと伝えられています。数年後には清酒造りを開始し、柴田は北海道の酒造業の先駆けとされています。

柴田酒造店は一八九七（明治三〇）年には「札幌酒造合名会社」を設立し、札幌の酒造りが本格的生産の時代を迎えました。一九二八（昭和三）年、政府の要請に応えて八企業が合同し「日本清酒株式会社」となり、統一銘柄をおなじみの「千歳鶴」としました。

戦後は好景気に支えられ、「千歳鶴」は順調に生産を伸ばし、一九五九年には、当時国内最大規模の酒造工場「丹頂蔵」を竣工しました。さらに三年後には海外輸出へ、一九六七年には本州にも拠点を広げるなど、高度成長時代とともに、その翼を広げていきました。また「全国新酒鑑評会」でも一四年連続金賞受賞の栄誉に輝くなど「千歳鶴」は北海道ブランドとして全国にその名を広めていきました。

「千歳鶴」が創業以来使い続けている水は、札幌南部に連なる緑豊かな山々が水源の豊平川の伏流水です。ちなみに伏流水とは、地中を流れるもう一つの川のことです。河川を流れる水は地中に浸み込み、下流に流れていきます。水は岩盤層を通り抜け、そこで濾過され地中のミネラル分などを吸収していきます。日本酒の製造工場「丹頂蔵」で使用している伏流水は中硬水で、硬軟両者の性格を持つバランスの良い水で、酒造りには最適のものです。

次に酒造りの原材料である米です。二〇〇〇（平成十二）年、「吟風」が北海道の酒造用奨励品種に登録

千歳鶴酒ミュージアム

酒造りの道具

米のサンプル展示

歴代総理大臣の「國酒」の揮毫

された したが、それ以前から「千歳鶴」では吟醸クラスで試験的に醸造を重ねていました。「吟風」の持ち味を最大限に生かす酒造りに力を入れ、二〇〇一年には大吟醸の商品としてのレベルまで向上させました。

酒ミュージアムは札幌市中央区の市街地の和風モダンの堂々としたたたずまいの建物にありましたが、近年そこから道路を隔てたビルの一階に移動しました。以前も展示スペースはあまり広くはありませんでしたが、移転後さらに狭くなったような印象です。館内はミュージアムというよりはお酒の直売店のイメージを強く感じます。

原料の米のサンプル展示があります。北海道産酒造好適米「きたしずく」の玄米、精米歩合三五％、兵庫県産酒造好適米山田錦精米歩合四〇％が小さなビニール袋に入れて展示されています。玄米とは精米する前の状態で、精米歩合四〇％とは玄米の外側を六〇％削り取ったものを指します。また新十津川で生産されている「冷風」の精米見本などが置かれていました。全国で使用されている山田錦に対してきたしずくなどが決してひけを取らない酒造好適米であることを示しています。

続いて酒造りの工程が小型の模型一〇点で展示されています。さらに酒燗器、天秤などが並べられていますが、かつてのミュージアムで展示されていた創業以来使用されてきた酒造りの道具類や千歳鶴を支え続けた杜氏津村弥が書き残した醸造日誌、酒瓶、時代を感じる宣伝用のポスターなどは残念ながら見ることはできませんでした。

岸田文雄首相をはじめ歴代の総理大臣による「國酒」の揮毫は、一二点飾られていました。

❖男山酒造り資料館（北海道旭川市永山二条七丁目一）

旭川の地元の酒として知られる男山酒造は、一八八七（明治二〇）年札幌市内の酒造業経営者山崎與吉が創業した山崎酒造が前身です。山崎は新潟県の出身で、一八八二年に北海道に入植、サッポロの酒造業に勤めた後旭川で独立し、明治末期には代表銘柄「今泉」「今与旭」などの品々が全国新酒品評会で入賞を果たしています。なお代表銘柄の「男山」は、実は関西の伊丹で江戸時代寛文年間（一六六一～一六三一）に醸造が開始されたのが始まりです。その当時から当代一流の喜多川歌麿や歌川国芳らの描く浮世絵の美人画の中に「男山」の名前が登場しています。

この「男山」は明治初年に廃業しており、一九六八年（昭和四三）新社屋落成を期に、企業名を現在の男山株式会社に改めました。社名変更の際、木綿屋本家の山本家の末裔より、正統の伝承を証明する印鑑と収め袋を譲り受け、本家より正式に継承しました。

資料館は酒造り工場の一角にあり、三フロアで展示が行われています。一階は、「試飲・売店」のコーナー、二階は「浮世絵の語る酒造りの歴史」、三階は「昔の酒造り道具」というテーマです。

京都伏見、兵庫灘などの酒造りの郷にはいくつもの酒造博物館があり、酒造道具が展示の中心になっていますが、この資料館のユニークな点は二階の浮世絵展示コーナーにあります。酒造り道具と「男山」の文字が描かれた浮世絵作品を掲示することで、江戸時代の代表的作品に登場するほど知られたメーカーであることを誇示しています。

男山酒造り資料館

資料館側面の展示

米の運搬に使われたそり

酒造りの道具

工場の内部

この他、祝いの席の必需品である朱漆の角樽や大碗をはじめ、得意先への酒の運搬に用いた大型の陶磁器の徳利や日常で使われた小型徳利や盃などが展示されています。点数は、多くはありませんが、文献や絵画は充実しているように思えます。

二階の酒造道具はとくに珍しいものは見当たりませんが、醸造過程を分かりやすい映像で紹介しています。醸造工場内部のステンレスタンクが規則正しく並んでいる様子などがガラス越しに見学できます。あいにく作業の人はいませんでしたが、近代化された工場で作られている酒造りの工程の一部を垣間見ることができました。

ところで、かつて東京農業大学の先生が講演の席で、「古文献をもとにして忠実に復元し、江戸時代に行われていた男山での酒造りの復元を行った」という話を聞いたことを思い出し、案内の係員に尋ねてみたところ、その時醸造した場所はまさにここであるとのこと。早速その酒を出してくれました。「復古酒」と名付けられた酒を試飲させてもらいました。市販の清酒よりは少し濃い印象でした。なお、この酒は小売りの際かなり薄められたようでアルコールは希釈されていますが、アミノ酸の加減もあって、口当たりにはあまり大きな変化はなかったそうです。

❖高砂酒造　明治酒蔵資料館（北海道旭川市宮下通一七丁目）

高砂酒造の歴史は、福島出身の小檜山鐵三郎にはじまります。小檜山は「角上《かくじょう》」を屋号に札幌で乾物商を営んでいましたが、視察に訪れた上川地方を開拓することを決意し、旭川へ移り雑穀商を営みます。そして知り合いの酒造場から酒造道具一式を譲り受け酒造業に転身し、一八九九（明治三二）年、小檜山酒造店を創業しました。旭川では四番目の創業でしたが、その後、相次いで一〇余の酒造店が創業し、旭川は『北海の灘』と称されるまでになりました。

一九〇九（明治四二）年、製造工場として高砂明治酒蔵が竣工します。一九六五（昭和四〇）年に石崎酒造と合併し社名を「高砂酒造株式会社」に改め、一九七五年に代表銘柄「国士無双」が誕生しました。このお酒は甘口から徐々に辛口嗜好になっていく時代の変化を捉えた男性的なお酒です。

一〇〇年近く高砂酒造の変遷を見守り続けてきた明治酒蔵は、二〇〇〇（平成一二）年に「資料館・直売店」に生まれ変わりました。

高砂酒造

明治酒蔵の廊下が資料館となり、自由に見学できるようになっています。先代社長の応接間が残されており、歴史と伝統を感じさせる空間となっています。このほか陶器類、ポスター・看板など資料が展示されています。

明治酒蔵の建物の向かい側に工場があります。木造建築が多かった当時としては珍しい鉄筋コンクリート造の工場でした。完成すると、作業が一変、近代的なものとなりましたが、新しく温かい蔵での作業に蔵人達は喜んだそうです。現在も当時の建物をそのまま使用しています。

工場見学は二階で行われます。階段下で靴カバーをかけて登ります。様々なタンクなどの生産機械に囲まれた中で、蔵人の説明がパネルで解説されています。

先代社長の応接間

廊下を利用した資料館

製造工場

❖田中酒造亀甲蔵

（北海道小樽市信香町二）

小樽の亀甲蔵は、現在もなお酒つくりを行っている工場で、一九〇五（明治三八）年頃に建設された石造倉庫群の一つで、現在小樽市指定の歴史的建造物になっています。場所は函館本線南小樽駅から徒歩約五分という距離にあり、函館本線と臨港線の道路に挟まれた場所にあります。

田中酒造は、一八九九（明治三二）年岐阜県大垣出身の田中市太郎によって現在本店のある小樽市色内町で創業されました。戦時統制下の一九四四（昭和一九）年には製造部門が小樽合同酒造株式会社に集約され、わずかに販売部門のみが営業を継続しました。やがて一九五六年に田中酒造株式会社となり現在に至っています。また一九九五（平成七）年には製造所を亀甲蔵と命名して、見学できる観光酒蔵に改造しました。

亀甲蔵では、北海道米を一〇〇%利用した地酒つくりを一年中行っています。訪問した時には、残念ながら醸造作業は行われていませんでしたが、ガラス越しに麹室をはじめ醸造機械が並んでいる工場などの見学ができました。

亀甲蔵の建物

麹　室

田中酒造

焼酎・泡盛の博物館

焼酎には甲類、乙類という区分があります。焼酎甲類とは、米、麦、とうもろこしに糖蜜などを醗酵させ連続蒸留して出来る高濃度のアルコールを水で薄めたものです。焼酎乙類とは、原料の味わいを大切にした個性派とされ、ていねいに醗酵させたもろみを一度だけ醗酵させて造るものです。一般的に、甲類はクセがなく飲みやすく酎ハイなどに用いられることが多く、乙類は本格焼酎や泡盛など原料やその造りに由来する風味が味に出る個性的なお酒です。

二〇〇六年の酒造法改正で、甲類は連続式蒸留焼酎、乙類は単式蒸留焼酎という正式名称に変更されましたが、商品の表示には甲類、乙類の表示が認められています。

では単式蒸留と連続式蒸留ではどう違うのでしょうか？　単式蒸留は、適度にアルコール醗酵したもろみを蒸留釜で熱し、アルコール分を含んだ蒸気を冷却してお酒にするという、蒸留法の中では最も古く、単純な製法です。連続式蒸留は、一度蒸留した液体をさらに何度も繰り返して蒸留する方法です。原料や造りに由来する様々な個性をそぎ落として、精度を高めれば高めるほど純粋なアルコールに近い蒸留液を得ることができます。すなわち、連続式蒸留された高アルコール度の蒸留水は、水で薄めてから飲用される場合が大半です。

ところで、いわゆる乙類焼酎（本格焼酎、泡盛）は、単式蒸留機で造られています。単式式蒸留機には、縦型、横型、さらに蒸留機を直火で加熱する直釜蒸留機、水蒸気を間接的に吹きかけて加熱する方法など、形や加熱方法などでも様々な種類があります。さらに単式蒸留であっても、常圧蒸留と減圧蒸留では大きく異なるタイプのお酒ができます。現在多くの泡盛製造所では常圧蒸留が用いられていますが、酒造所によっては、減圧蒸留を主としたり、常圧と減圧をブレンドしているところもあります。

常圧蒸留とは、メソポタミア文明の頃から行われてきた伝統的な手法で、蒸留したい液体に熱を加え、その蒸気を集めるというシンプルな方法です。減圧蒸留は、文字通り蒸留釜内部の気圧を下げて蒸留する方法です。気圧を下げて蒸留すると、クセがなく、口当たりが軽やかで、香りも若いバナナを思い起こさせるようなフルーティーさが前面に出てきます。これは沸点が低いために、酒本来の個性やコクの素となる高沸点成分の気化を抑え、熱で生成されるお焦げ臭のもとであるフルフラールなどの二次生成物なども少なくなるためだとされています。いわば、雑味を抑えて淡麗に、ソフトに仕上げるための蒸留方法といえます。減圧蒸留は熊本のコメ焼酎、大分の麦焼酎、そば焼酎など数多くの焼酎の製造に用いられています。また常圧蒸留が多かった芋焼酎のメーカーにも減圧蒸留方式を採用するところもあります。常圧蒸留、減圧蒸留それぞれに良い面があり、いずれが優れているのかを判断することはできません。

❖霧島酒造 霧の蔵ミュージアム（焼酎博物館）（宮崎県都城市志比田町五四八〇）

霧島酒造は、一九一六（大正五）年に初代江夏吉助が宮崎県都城市川東で本格焼酎の製造を始めたのが創業です。昭和八年「霧島」を登録商標とし、一九四九（昭和二四）年に株式会社化しました。一九五五（昭和三〇）年には霧島と鰐塚山に囲まれた都城盆地の天然水「霧島裂罅水《れっかすい》」を掘り当てることに成功しました。

一九九六（平成八）年、創業八〇年を機に志比田工場内に企業文化の発信施設として「霧の風ホール」「霧の蔵ミュージアム」を完成。一九九八年には本格的地ビールが楽しめる「霧の蔵ブルワリー」がオープン。さらに二〇〇〇年には創業社屋を移築しました。このほかグランドゴルフ場もある広大な敷地（一万六〇〇〇㎡）を擁する霧島ファクトリー・ガーデンは、霧島酒造と地域の文化創造の場として広く開放されています。

焼酎工場見学

志比田第一増設工場が見学施設になっています。入口を入るとすぐに「霧島ワンダーランド」と呼ばれる大きな壁画の前に出ます。そこから四階に昇ります。そこには入口で見た壁画の実物絵画が展示されています。次いでシアターに案内されます。映像の内容は霧島酒造の焼酎誕生にかかわるものです。

いよいよ工場見学ですが、残念ながら麹に関係する部分などの見学はパスされ、サツマイモに関する展示がある部屋に案内されます。見学通路のガラス窓に沿って、イモの洗浄、蒸し作業など、すべてベルトコンベアーの上を移動していく様子を見学します。最後に、サツマイモの蒸したものの試食と、裂罅水を小さな紙コップ一杯、さらに霧島酒造の焼酎各種の試飲ができます。

工場見学施設

霧島ファクトリー・ガーデン

霧島裂罅水

サツマイモの展示

試飲コーナー

「霧島ワンダーランド」

霧の蔵ミュージアム（焼酎博物館）

ファクトリーガーデンの正面の門を入って進むと見えてくる近代的な白い建物です。一フロアで二つの展示室があります。

第一展示室では、「芋焼酎と言えば南九州」「暮らしに根付く芋焼酎」「全国に広がる芋焼酎」「霊峰、霧島山」といったテーマで展示が行われています。第二展示室は、主としてサツマイモに関する展示が行われ、「シラス台地とサツマイモ」「赤霧島開発ストーリー」のテーマ展示と、サツマイモ畑のパノラマ、サツマイモの実物模型などが見られます。

霧島山の自然との関係で裂罅水《れっかすい》などについての解説があります。裂罅水は、岩石の割れ目にたまっている水のことです。都城盆地の地下一〇〇mほどのところにある溶結凝灰岩の層には無数の割れ目があり、そこに水（裂罅水）が溜まっています。裂罅水がたまっている割れ目は、巨大噴火の噴出物が冷えて固まる時にできたものです。都城盆地周辺で見られるシラスがビーカーに入れられ、隣りのケースには溶結凝灰岩（加久、藤火砕流）の塊が展示されています。

霧の蔵ミュージアム

霧島創業記念館・吉助

ファクトリーガーデンの正門右奥にある和風の建物です。霧島酒造の歴史を今に伝える記念館であるとともに、来訪者をもてなす場として旧本社敷地内から二〇〇一年にここに移築されました。

江夏吉助ゆかりの品が展示されています。その一つが愛用のトランクで、旅行や視察に使用していたトランクと修理の際にポケットから出てきた四銭切手が入口土間にさりげなく置かれています。奥の座敷入口には、江夏家の家紋の入った長持ちが二棹置かれています。江夏家の家紋は、三つ銀杏五つ鷹、威風堂々としたシンボルの木であり、子孫繁栄のシルシとされる「銀杏」と武人にとって最高のシンボルである「鷹」を組み合わせた特徴的な意匠の紋です。
ちなみに日本を代表する女流棋士による「霧島酒造杯・女流王将戦」はここ霧島創業記念館「吉助」の特設会場で開催されています。二〇一七（平成二九）年の第一局開催の際には日本将棋連盟から感謝状が贈られています。

焼酎粕リサイクルプラント

ファクトリーガーデン正門左奥に、縦長のガスタンクなどが並ぶ施設を見学できるように建てられた施設があります。天井から美しいガラスのオブジェが吊り下げられている階段を上ると見学通路の端に映像室があります。ここでこのプラントの解説映像を見ることができます。

霧島創業記念館・吉助

記念館内の様子

江夏吉助愛用のトランク

中庭からみた記念館

霧島酒造では、年間約一〇万トンの南九州産のサツマイモを用いて焼酎を製造しています。この工程で焼酎粕約二一万トンが排出されます。一部は分離して堆肥として県内外の畑へ、また液体は汚水処理されてきれいな水となって下水道に流されています。

焼酎の製造工程で生じる「焼酎粕」の処理、それは芋焼酎メーカーが抱える大きな課題です。二〇一四（平成二六）年四月から法律によって焼酎粕の処理（廃液処理）がすべての蔵で必須となりました。リサイクルプラントの仕組みは第一ステップで、メタン菌の働きにより、芋くずと焼酎粕からバイオガスを作ります。第二ステップはバイオガスがガスホルダに貯められ、一日当たり約一万二〇〇〇世帯相当のエネルギー（電力）を生み出します。第三のステップはバイオガスを焼酎の製造工程の蒸気ボイラー熱源として活用、別工場からトラックで運ばれる焼酎粕（脱水ケーキ）を乾燥させ、家畜飼料へ活用します。さらにバイオガスを使って発電機を動かし一日当たり、約二万二〇〇〇世帯相当のエネルギー（電力）をうみだします。これらは九州電力へ売電されています。

焼酎粕リサイクルプラント

❖ 大浦酒造（宮崎県都城市平江二一—八）

大浦酒造は都城市にある小規模な老舗蒸留所です、蔵元の大浦晋一さんは高野山で加行（修行）をして僧侶資格を習得し、その後も高野山で修行を積んでいましたが、一念発起して故郷に戻り焼酎蔵元を引き継ぎました。都城市郊外のエムズガーデン内に庄内川蒸留所をオープンさせ、精力的に酒造りに取り組んでいる中堅杜氏の一人です。

　二〇二一（令和三）年一一月に蒸留所を訪問しました。創業の場所である市街地の平江町に行ったのですが、そこは製品保管庫になっており、車で約三〇分かけてエムズガーデンにたどり着いたのはすでに日が落ち始めた頃でした。笑顔で入口まで出迎えてくれた大浦さんの案内で蒸留所へ向かいました。

　蒸留所内には半地下に埋められた甕壺が並んでおり、醗酵する芋焼酎の香りが漂っていました。仕込み棒で時折攪拌させ、あくまで手造りにこだわるという大浦さんの姿勢に感銘を受けました。壁際には蒸留機械や貯蔵用の樽、タンクが見られます。一通り見学した後、蒸留所内にある事務所で大浦酒造の製品を拝見しながら、酒造りの理念をうかがいました。

　第一は素材を活かすこと。変化する環境や気候による違いを感じ取り素材と対話することが手造りの基本だということです。第二は技を活かすこと。手造りにこだわるのは時代を超えて受け継がれた技を信じ

庄内川蒸留所

醗酵中の甕壺

醗酵中の甕壺

麹　室

ているからであり、その技に磨きをかけることが自分たちの役割だといいます。そして第三は人を癒やすこと。自分たちが造る焼酎で日々のやすらぎと癒やしを与えることが自分たちの目指すところだといいます。

大浦酒造は、一九〇九（明治四二）年都城市平江町で初代杜氏大浦藤一によって焼酎造りが始められました。この世界で百年を超えると「老舗」と呼ばれるようですが、大浦晋一さんには気負いはなく、「ただあるのは未来に向けた百年を」と力強い言葉が返ってきました。

鹿児島・本格焼酎

国税庁の地理的表示で鹿児島県本格焼酎の対象となるには、以下の要件を満たす必要があります。鹿児島県では奄美市と大島郡を除く地域の生産品であること。原料では、鹿児島県で収穫されたサツマイモのみを穀類原料とする。麹の原料は鹿児島県で収穫されたサツマイモのみとする。鹿児島県内で採水された水のみを用いる。製法では、鹿児島県内で原料の醗酵および蒸留を行う。麹、サツマイモ、水を原料としたもろみを単式蒸留機によって蒸留する。貯蔵する場合は鹿児島県内で行う。さらに鹿児島県内で最終容器に詰める。以上の規定が守られたものが「鹿児島県本格焼酎」といえます。

❖ 田苑酒造　焼酎博物館

（鹿児島県薩摩川内市樋脇町塔之原一一三五六）

西南戦争で生き残った塚田祐介が一八九〇（明治二三）年に創業した塚田醸造所は、一九〇二年に第一回薩摩郡焼酎品評会で一等賞を受賞し、以後も数々の賞を受賞しています。しかし第二次世界大戦勃発に伴う米の供給量規制強化などのためやむなく休業に追い込まれます。戦後の一九四七（昭和二二）年に芋を原料とした焼酎製造を再開し、貯蔵樽本格焼酎の開発にも着手し、新しい焼酎つくりへの挑戦を開始しました。しかし原料費高騰などで厳しい経営状況が続き、ついに酒造免許返上まで考えた時、薩摩酒造から「今までにない蔵元を一緒に」という申し出があり、酒造の継続と再出発が可能になりました。

後に社長となる本坊豊吉が初めて蔵元を訪問した際に見た周辺の田園風景に感激したことから、一九七九（昭和五四）年に「田苑酒造」として再出発しました。その後は樽貯蔵酒の研究開発も加速し、一九八二年には日本初の樽貯蔵麦焼酎を完成、一九九〇（平成二）年には音楽仕込みの技術を開発しています。

焼酎博物館は一九八六（昭和六一）年に開館した日本初の焼酎に関する博物館です。

建物は約二四〇年前に建てられた江戸時代の酒造蔵で、もとは熊本県北部の山鹿市にあったものですが、取り壊されることになった際に譲り受けて移築したとのことです。高さ約一〇メートルの重厚な合掌造りで、外観は白色の壁と黒色に白の格子模様が生えるなまこ壁が見事に復元されています。床面積は約一三〇坪あり、使われている太い松や杉の梁を見ると、当時の建築技術のすばらしさがわかります。

田苑酒造　焼酎博物館

館内はかつての酒蔵の雰囲気が残った独特な薄暗さです。一階には塚田醸造所時代に使われていた木桶、古式蒸留機（通称チンタラ）などの道具類や焼酎の製法を記録した古文書が展示されています。なかでも土間に半分埋められたように並ぶ和甕は、創業当時から現在まで焼酎の長期熟成で活躍しているもので、壮観な印象です。また奥の一画には舞台があり、クラシック音楽などの演奏会場として使われているようです。田苑酒造では、交響曲を聴いた麦焼酎などクラシック音楽を焼酎の貯蔵に利用しています。その効果は………。

開館三〇周年の二〇一六年に展示が一部リニューアルされました。二階には田苑酒造の歩みや演奏会ポスター、演奏者の写真などのほか、これまでの製品の広告、受賞歴を物語る賞状などが集められています。さらにこの地域で使われていた農具など農耕に関する貴重な民俗文化財が展示され、焼酎に関する貴重な書物などを集めた文書コーナーもあります。

博物館の外には大きな鉄製ボイラーが展示され、工場の建物群が続いています。

土間に半分埋められた和甕

大型の鉄製ボイラー

酒造りの道具

古式蒸留機（通称チンタラ）

❖白金酒造　石蔵ミュージアム（鹿児島県姶良市涌元一九三三）

白金酒造は一八六九（明治二）年に川田和助が創業した川田醸造所が前身で、鹿児島では最古の歴史を持つ焼酎蔵です。

鹿児島県の伝統的な焼酎造りを先代の黒瀬東洋海杜氏より学び、今でもなおその「技」を語り継いでおり、鹿児島県本格焼酎鑑評会や全国酒類コンクールなどのコンテストから海外の国外コンテストでも受賞しています。

創業時から残る石造りの蔵「石蔵」は、加治木石と呼ばれる石材を組み上げて造られた蔵で、外気の影響を受けにくく、一年を通じて、温湿度の変化が少なく、焼酎つくりには適した環境となっています。石蔵は二〇〇一（平成一三）年に国の登録有形文化財に指定されました。

石蔵ミュージアム

石蔵ミュージアムは現在も使用されている焼酎の生産工場でもあります。入口を入ると蒸留機や麹作業の台などがあります。この蒸留機は木樽蒸留機と呼ばれるもので、材質は杉で、竹ノ輪で締め上げている単純な構造の蒸留機です。耐久年数が短く、約五年ごとに造りかえなくてはなりませんが、杉の木の香る、柔らかい酒質の焼酎が出来上がるそうです。ちなみにこの蒸留機は鹿児島県大隅地方在住の津留安郎氏の手造りによるものです。

さらに進むと床面から上部の口縁部が顔を出している仕込み甕が規則正しく並んでいます。この甕の間をぬけて階段を上ると展示ホールです。ここでは白金酒造の歴史、焼酎つくりの過程が映像で詳しく解説されています。さらに「蒸留体験」として、ガラス製の小型蒸留機でハーブ水の蒸留実験を見ることができるようになっています。さらに、さつまいもの伝来から焼酎文化の流れ、製造工程などを錦絵で示した

井戸水

パネル展示も見ることができます。

壁面に西郷隆盛との関係がイラスト・パネルで説明されています。一八七七（明治一〇）年西南の役の際、西郷隆盛は傷の手当などで必要な「しょっ」を買うために出陣前にこの蔵を訪れ。すべての焼酎を買い上げていきました。焼酎は武器や兵士の怪我の消毒のみならず、栄養剤としても使われていたということです。ちなみに支払いは西郷札と呼ばれた私設紙幣が用いられたとのことです。また西郷隆盛が岩崎谷の洞窟で最期を迎えた晩に飲んだのもこの焼酎とされ、今も生誕祭りには「白金乃露」が奉献されているとのことです。

やがて一八九六（明治二九）年頃には、竜ヶ水で仕込んだ「しょっ」は人気になり、「和助どんのしょっ」として飲まれたということです。なお川田醸造店が各家庭へ貸し出していた専用徳利の写真が添えられています。

❖ 祁答院蒸溜所（鹿児島県薩摩川内市祁答院町藺牟田二七二八）

祁答院《けどういん》蒸溜所は、一九〇二（明治三五）年に創業し、甑島で焼酎を造っていましたが、工場排水や原料確保などの問題で二〇〇七（平成一九）年に甑島での焼酎製造を断念し、本土の薩摩川内市に移転しました。鹿児島県最初の木樽仕込み焼酎蔵として知られ、二〇一一（平成二三）年の鹿児島県本格焼酎鑑評会で「手造り青瀬」が最高賞を受賞。以降もいろいろな焼酎が最高賞を受賞しています。

新しく整備された雰囲気の工場を見学しました。上履きに履き替えて狭い通路に案内されます。壁面には創業の地甑島がカラー写真パネルで紹介されています。島の自然環境がいかに素晴らしかったかがよくわかります。次いで野海棠の美しい花のパネルがあります。そこには「私たちは日本で唯一の製法の芋焼酎を『野海棠』と名付けました」とあり、イラストのスケッチが描かれています。野海棠はバラ科で花の時期が五月頃で、「つぼみは紅色、花は白色なので咲き始めの色合いはとてもきれいです」と説明されています。

続いて「焼酎のできるまで」という手書きのイラストがあります。「手造り米麹造り」から始まり、「米麹を甕、壺に移し水と酵母を加えて醗酵させる」、「一時仕込み」、「米の五倍の量のさつま芋を蒸して加え、次の二次仕込みへ」と進み、蒸留段階を経て焼酎となるまでの説明が続きます。

祁答院蒸溜所

休憩スペース

貯蔵タンク

壁面の展示が終わると、大きく目の前が開けて貯蔵用の甕や木樽群が登場します。その奥には蒸留機があり、攪拌用の道具類が壁に整然と掛けられています。麹室の様子がガラス窓越しに眺められます。中央には麹を振り、かき混ぜる大きな台が置かれ、周囲には麹板といわれる小さな小箱が積み上げられていますが、作業は行われていませんでした。

一般的に、焼酎の仕込みは、ステンレスやホーローなどのタンクで行われますが、この蔵は大きな木の桶で焼酎を造る日本初の木槽仕込み焼酎蔵です。他にも、手造り麹室や木樽蒸留機といった、昔ながらの焼酎造りを見学することができました。

❖ 濱田酒造　伝兵衛蔵ミュージアム　（鹿児島県いちき串木野市港町四―一）

幕末には「ヤマハ」という屋号で、精油業や古着屋を営んでいた濱田伝兵衛が一八六八（明治元）年に手造り焼酎蔵として創業しました。しかし創業当初からしばらくは精油業のほうが流行っていたそうで、社史「敬天愛人」には、「大きな甕を店内に三つ並べ、高級な長崎五島産の椿油は別な古伊万里の油壺に入れて、小さな柄杓で量り売りをしていた。明治から大正の市来湊には沖縄の船が定期的にやって来て、琉球系の人々が暮らす唐人町もあったので、入港のたびに竹籠がお札でいっぱいになるほど油がよく売れていた」と書かれています。

以来、地元鹿児島県産の芋や麦を材料に、仕込みに使う甕や蒸留機、麹室

伝兵衛蔵ミュージアム

などにもこだわり、昔ながらの甕仕込みに木桶蒸留、甕貯蔵の焼酎造りを今も続けています。長年培われてきた職人の技と熟成・貯蔵方法の違いでできる個性豊かな焼酎は、どれも芳醇な味わいがあります。「隠し蔵」をはじめ濱田酒造の製品は、二〇〇五年以降モンドセレクション金賞・最高金賞などを多数受賞しています。

広大な敷地の一画に細長い切妻の建物があります。これが伝兵衛蔵ミュージアムです。

入口を入ると大きな木製樽があり、壁面にはシラス台地にある沢田酒造の建物の写真、「濱田伝兵衛」と墨書された木製看板、かつての工場の写真パネルなどが続きます。その下には焼酎製造に使われた道具類が展示されています。入口右手には鉄製の大型ボイラーと代表銘柄五本が展示されています。

展示フロアでは、サツマイモが中南米から伝播したこと、その系譜と派生した酒類を紹介したパネルがあり、ガラスケースには酒造りの様子をジオラマ調に表現した小型模型群があります。

さらに進むと大型のステンレスタンクが並んでおり、水洗い、蒸しの作業工程の見学となります。一次原料の米を約一時間かけて蒸し、蒸しあがった米を冷却し、麹菌を振りかけてよく混ぜ合わせます。そして麹室で約十五時間かけて麹を造ります。

ところで麹には黄麹、黒麹、白麹があります。黄麹は芋の香は控えめでフルーティで上品な味わいとなり、黒麹は芋の香が強くコクとキレがある味わい、白麹は穏やかで柔らかい香りと味わいとなると説明されています。

二次原料の芋を蒸し器で約一時間蒸し上げます。さらに二次仕込みでは、約一〇日間醗酵させます。一次仕込みで造られた一次もろみに、蒸し、粉砕工程を完了した芋を加え二次仕込みに入ります。ここでも一次仕込みと同様温度管理が重要で、仕込み時の温度は二五度、仕込み中は三五度以下で管理されています。二次仕込みの期間は気温、サツマイモのでんぷん含有量によって左右されますが、通常八〜一〇日間

貯蔵する壺の安定装置

ステンレス蒸留機

酒造りの道具

木樽蒸留機など

木樽貯蔵

半分以上埋められた甕

ぐらいです。この工程の最終段階ではおなじみの甕が半分以上埋められた姿が見られます。

次に木樽を用いての蒸留機があります。その奥にはステンレス製蒸留機があります。蒸留過程を経て次に貯蔵段階に入ります。甕貯蔵の部屋では、いくつもの甕がビニールで口を封じた状態で規則正しく並んでおり、その底部は砂で固められています。砂を用いることで安定的な貯蔵ができるとのことでした。また十個の木樽が二段五列に並べられた場所がありました。ここは長期貯蔵を目的に樽貯蔵が行われている場所です。

以上でミュージアム見学は終了です。次は試飲タイムです。場所はミュージアムからは少し離れたショップ内です。小さな紙カップに、それぞれ希望する銘柄を指定すると注いでくれますが、多くはありません。いずれもストレートなので、時々水を飲む必要があります。何杯飲んだのかは忘れましたが、少々酩酊状態になっていました。

コメ焼酎の代表的な存在として知られる球磨焼酎は、熊本県球磨地方と人吉市で製造されています。一九九五（平成七）年に国税庁の「酒類の地理的表示」に登録されました。登録の際には以下の要件が求められています。

まず原料は国内産の穀類のみを使用し、国内産米から作られた麹のみを使用すること。そして球磨郡または人吉市で採水した水のみを用いること。製法は、球磨郡または人吉市で醗酵および蒸留が行われていること。米、米麹、水を原料としたもろみを単式蒸留機により蒸留していること。米麹、水を原料としたもろみはその一次もろみに米麹と水を加えてさらに醗酵させたもののみとすること。貯蔵は球磨郡および人吉市で行い、出荷容器への詰め替えは球磨郡または人吉市内で行う。

これらの要件を満たした「球磨焼酎」は、人吉・球磨地域に二七の蔵で造られています。各蔵元で造られている個性ある銘柄は二〇〇種類以上にのぼります。長らく、地元と熊本県内が主要な市場でしたが、最近は球磨焼酎酒造組合が共同で市場開拓を行い、首都圏を中心に全国に販路を広げ、さらに海外市場の開拓にも積極的に取り組んでいます。

❖高橋酒造　球磨焼酎ミュージアム「白岳伝承蔵」（熊本県人吉市合ノ原町四九八）

高橋酒造は、一九〇〇（明治三三）年の創業以来、人吉・球磨地域において本格焼酎づくりにこだわり続けてきた酒蔵です。

我が国で「焼酎」という記述が見られるのは一五五九（永禄二）年まで遡ります。鹿児島県大口市（現伊佐市）にある郡山八幡宮の建物の修理中に発見された木札に「神社の座主が大変なケチで、焼酎を一度も振る舞ってくれなかった」といった宮大工の不満が書かれていました。この当時人吉地方は相良氏の最盛期で、その領地は県境を越えて大口市あたりまで及んでいました。このことから戦国時代の終わり頃にはすでに焼酎の飲酒が庶民生活にまで及んでいたということがわかります。しかし、サツマイモはまだ日本に渡来していないことを考えると、この落書きに書かれていた「焼酎」は米か雑穀を原料とした「人吉・球磨スタイル」のものだった可能性が高いと推定されています。

やがて、明治維新を迎えて人吉・球磨の焼酎文化は「醸造株」や「入立」といった制度が廃止になったこともあり、人吉・球磨のあちらこちらで「焼酎屋」が誕生しました。その数は六〇件以上にもなったといいます。一八八四（明治一七）年には球磨郡酒造組合（現在の球磨焼酎酒造組合の前身）がつくられ、その生産量は年々増えていきました。

球磨焼酎ミュージアム「白岳伝承蔵」

一九〇〇（明治三三）年に高橋酒造が創業します。そして大正時代になると球磨焼酎を飛躍させる大きな変化が起こります。一つは原料が玄米から白米に変わったこと。もう一つは「二段仕込み」製法を取り入れたこと。これらの変化によって生産効率は大きく向上し、出荷量もさらに増大していきました。

第二次大戦後、少しずつ球磨焼酎の噂が全国に広まっていきました。まず隣接する宮崎県や鹿児島県に、さらに福岡県から九州全域へ。そして一九八〇年代、その人気は関西や関東にまで広がっていきました。人気に拍車をかけたのが「減圧蒸留法」です。米焼酎本来の深い味わいはそのままに、口当たりをまろやかにするこの製法を各蔵元が取り入れるようになったため、球磨焼酎は注目を集めていきました。高橋酒造では減圧蒸留法をいち早く取り入れ、ロングセラー商品「白岳」を生み出しました。

一九九五（平成七）年、国税庁の「地理的表示の産地指定」を受けました。その内容は「米のみを原料として人吉・球磨の地下水で仕込んだもろみを人吉・球磨で蒸留し、瓶詰めした焼酎だけを『球磨焼酎』と呼ぶことができる」というもの。球磨焼酎がコニャックやボルドーワインと同じく、その地域の特有な酒として認められたのです。

一九九〇（平成二）年五月にオープンした**白岳伝承蔵**は、高橋酒造の敷地の一画に建築された平屋造り、白亜の土蔵風の建物です。世界に誇れる球磨焼酎の魅力と、その歴史的・文化的価値を全国に紹介することを目的としたミュージアムです。

「白岳伝承蔵」は、「球磨焼酎」の歴史・文化・製造方法などを紹介し、無料試飲の実施、また高橋酒造の商品だけでなく他の蔵の「球磨焼酎」の販売等も行っており、「球磨焼酎」全般を堪能できる観光施設として整備されています。

展示では、焼酎造りの工程が実物資料と簡単なジオラマを交えて再現されており、次いで二次仕込み蒸留と続きます。蒸留の場面では冑釜蒸留法という手法が見られ、蒸留機の断面がわかるように工夫された模型が展示されています。貯蔵段階の展示の次にかつて行われていた量り売りの様子が再現され、法被姿の店員が大きな酒壺の前で販売する様子がジオラマで示されてい

量り売り用の陶磁器の徳利

入口ホール

ます。展示室入口にも量り売り用の大きな陶磁器の徳利が展示されています。この徳利は回収してリサイクルされるようになっていました。

白岳ホールでは球磨焼酎の歴史や製造工程が映像で流され、球磨焼酎のふるさとの様子、こだわりの職人の想いが伝わってきます。白岳ギャラリーでは、一九八三（昭和五八）年から現在までのテレビＣＭを集めた映像（約四〇分）の放映や大型ポスター、新聞広告が展示されています。有名タレントの絵画作品や郷土作家や芸術家の作品も展示しています。

❖繊月酒造　繊月城見蔵　（熊本県人吉市新町一）

繊月《せんげつ》酒造は、一九〇三（明治三六）年に堤治助が創業した酒蔵です。「堤酒造」「峠の露酒造」を経て二〇〇四（平成一六）年に社名を「繊月酒造」に変更し現在に至ります。ちなみに「繊月」とは、かつて人吉を治めた相良氏の居城人吉城の築城の際、繊細な三日月状の石が出土したことから「繊月城」と呼ばれたことに起因するそうです。

二〇一〇（平成二二）年に完成した**繊月城見蔵**が工場見学施設となっています。入口には創業当時に使われていた蒸留機が野外展示されています。エレベーターで一気に最上階の見学通路に上るように案内されます。工場の大部分はステンレスタンクが占めており、近代的な設備が整っています。ただし工場内部は撮影禁止となっています。

多くのテーブルが並ぶ試飲場があり、いくつかの銘柄と冷水が置かれて

繊月酒造

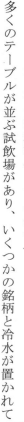

います。リクエストすればほかのリキュール類も試飲させてくれます。ここから窓越しに人吉城を一望できます。城の周りを取り囲んだ白壁や隅櫓などを見ることができますが、天守閣などは失われており、さびれた古城のようでした。

廊下には醸造用の道具がいくつか展示されているほか、初代杜氏の横井宇作から五代目杜氏の越富茂までの顔写真パネルが「五人の侍の物語」として展示されています。

ちなみにこの工場は、「テレビムック」や「世界ふしぎ発見」などのテレビ番組でも紹介されました。

野外展示されている蒸留機

大甕と木樽

廊下に展示された酒造り道具

❖抜群酒造　（熊本県球磨郡多良木町黒肥地一六六二）

一九二三（大正一二）年、球磨地域に五〇以上の酒蔵がひしめく中で、地元の農業・林業の指導者西常市によって創業されたのが抜群酒造です。

当時の人吉地域は、農業の近代化に伴い炭鉱抗木、鉄道枕木、製紙パルプ、電柱用など木材需要が急増していました。多良木町には人吉球磨地方の木材の集積場があり、人・モノ、カネが集まるようになりました。そこでもてなしのために焼酎が盛んに造られていました。戦後、コメが入手困難な時は芋焼酎を造ったこともありましたが、ここ半世紀は米一筋でおいしいコメ焼酎を造りたいという創業者の思いを引き継いできました。昭和五〇年代に減圧蒸留機を導入して以来。生産の九〇％以上は減圧焼酎が占めています。

抜群酒造

三代目蔵元の案内で工場を見学できました。貯蔵タンクの間にレンガ造りの煙突がありますが、これは一九六五（昭和四〇）年頃まで使われていたとのことで、今では緑のつたに覆われています。工場内に入ると、減圧蒸留機が中央部に据えられステンレス製のタンクが林立しています。また仕込みの甕が並ぶ様は壮観です。多くはステンレス製タンクで熟成されていますが、一部は木製の樽でも行われているようでした。陶製の甕が並んでいます。仕込み段階に用いるものですが見学時には作業が行われていませんでした。さらに奥側の建物には樽熟成ための南ヨーロッパ産のシェリー樽が、いくつか積まれています。

工場の裏側には相良藩時代に頻繁に利用されていた街道が通じており、その痕跡が遺されています。工場見学の後、店のある建物に移って製品の説明を受けました。銘柄は「ばつぐん」のみのようでした。

減圧蒸留機

仕込みの甕

タンクの前は旧街道

琉球泡盛

一五世紀の琉球王朝時代、シャム（現在のタイ）から南方諸国との貿易船で伝わり誕生した琉球泡盛は、後に薩摩（鹿児島）地域に伝わって焼酎の出現となります。

「泡盛」という名称は、一定の高さからグラスの中にお酒を注いだ時に泡の盛り具合で度数を計ったことから生まれたといわれています。

泡盛の生産は、洗米、侵漬（米を水にひたすこと）、蒸し、黒麹菌の種付け（米麹造り）、もろみ（水と酵母を加えアルコール醗酵）、蒸留、熟成（割水して度数調整）、容器詰め（銘柄によってはさらに割水して容器に詰める）の工程で行われます。ただし酒蔵ごとに独自の手法があり、それが銘柄の特徴になります。

泡盛は、税法上は単式蒸留焼酎（乙類焼酎）に分類され本格焼酎と同じジャンルになりますが、製法には大きな違いがあります。まず大半の泡盛は原料としてタイ米を使用しています。次に黒麹菌を伝統的に使用し仕込み方法も様々です。原料のコメはすべて米麹で水と酵母を加えて醗酵させる全麹仕込みを行います。蒸留法は常圧式、減圧式、そして両者のブレンドなどがありますが、泡盛は常圧蒸留が圧倒的に多いといえます。その背景には熟成させて風味を高めていく古酒の存在があります。お酒そのものの個性が強く、古酒になった際のあじわい深さも大きく変わるとされています。

焼酎と泡盛の最も大きな違いは、泡盛が一〇〇年を超える種に育てられる酒造りの伝統を今の時代にもなお伝承しているということに尽きます。

❖ 高嶺酒造所　（沖縄県石垣市字川平九三〇）

高嶺酒造所は、石垣市市街地の中心部から少し離れたかぴら地区にある醸造所です。建物は二階建てで、正面には「手造り泡盛　高嶺酒造所」の看板が掲げられており、見学用の入口には「手造り泡盛蔵元」の木製の看板が掲げられています。

一九四九（昭和二四）年の創業当時から受け継がれてきた直火式地釜蒸留をはじめ、蒸したコメに種麹を手で混ぜ二晩寝かせるというこだわりの老麹づくりなど、全工程手造りで泡盛を造っています。

工場のガラス戸ごしに様々な機械が見られます。ホームページに泡盛の醸造工程が次のように詳しく記述されていました。原料はタイ産のインディカ米です。水分が少ない硬質の米で、麹菌が付きやすく、米の内部にも深く菌糸をのばした総破精麹を得やすいという泡盛づくりに適した特質を持っています。原料の米をきれいに洗浄して地窯で蒸気を造り箱床の米を蒸していきます。ここではいかに米を固く蒸すかが重要なポイントとなります。蒸しあがった米を麹棚に移し、放冷して温度を調整し、純粋培養された黒麹を散布し、よく混ぜ合わせます。その後、二晩置くと米麹が出来上がります。高嶺酒造所では、この工程でほかの酒造所よりも黒麹菌が多く含まれる老麹を強くはわせます。こうして麹を熟成させることで風味の強い泡盛が生まれるのです。

酵素と酵母の働きで醗酵させるともろみの完成です。醗酵の完了したもろみを特製の地窯に入れ、水の沸点よりアルコールの沸点が低いことを利用して蒸留すると、チョロチョロと豊潤な香りの泡盛が生まれます。現在では生産量を多くするため、もろみに高温の蒸気を投入して蒸留する循環式蒸留法が主流となりましたが、高嶺酒造所では大正時代から受け継いだ昔ながらの直火式地釜による蒸留で泡盛を造っています。直火式地窯釜蒸留法は少量蒸留なので、泡盛本来の深みとコクを引き出すことができ、また攪拌しながら加熱するため悪酔い、二日酔いの原因となるアセトアルデヒドが沸騰前に蒸発してしまうという利点も併せ持ちます。蒸留後の泡盛は三カ月間以上貯蔵させて熟成させたのち、アルコール度数を二〇度、二五度、三〇度、四三度に調整して濾過し、出荷します。

工場内部

貯蔵タンク

蒸し作業場

❖請福酒造（沖縄県石垣市宮良九五九）

請福《せいふく》酒造は一九四九（昭和二四）年に漢那酒屋として創業しました。独自の直火釜蒸留機の開発、梅酒、柚子酒などの業界初の泡盛リキュールの開発、泡盛から造った純米酢の製法で特許取得、多良川酒造、久米仙酒蔵との三社共同で琉球古来の幻の酒「イムゲー（芋酒）」を一〇〇年ぶりに復活させるなど、常に新しい酒造りにチャレンジしている酒蔵です。

空港からタクシーで向かいました。見学時間まで待ち時間があったので、受付のショップで土産物選びを始めました。やがて時間となったので隣接する工場へ案内されました。ステンレスのタンクが林立していますが、壁に貼られた解説板には、蒸した米に黒麹菌を定着させたものをベルトコンベアーで培養室へ運び、そこで露麹菌を繁殖させ完成した米麹をスコップでかき集めていると説明しています。工場内の解説板はここだけでした。

ここでは請福・ビンテージ古酒請福・請福ファンシー・いりおもてなどの泡盛・リキュールなどを生産販売しています。なお幻の酒「イムゲー」についての説明がありました。中世の沖縄王宮の主食は一六世紀に大陸より伝わった芋（甘藷）でした。上納品であった高価な泡盛よりも、各家庭で造られる「芋酒」が離島を含めて広く愛飲されていました。

明治に入り、泡盛は酒税法により課税されていましたが、イムゲーは自家製の酒ということで無税扱いとされ庶民の間に広まっていきました。一九〇八（明治四一）年に法律で自家製酒が禁止され、厳しい摘発も行われたことから大正末期には姿を消してしまいました。

❖泡盛博物館 （沖縄県石垣市新川一四八）

請福酒造は一九八六（昭和六一）年に泡盛博物館を開館しました。残念ながら二〇一四（平成二六）年に休館してしまいましたが、休館前の状況をご紹介します。

展示室では原料のタイ米から泡盛になるまでの工程を説明しています。レンガづくりのかまどにかけられた蒸し器、コメを入れていた袋、大きな鉄製の鍋など、酒造りの道具類が所狭しと並べられています。泡盛の完成品を入れた瓶は褐色、緑色、青色と様々な色合いで、瓶の形も時代とともに変化していることがわかります。

古式の直火式蒸留法に関する資料が集められ、古式直火米蒸、古式直火釜蒸留、古式米浸漬槽が横並びに置かれています。館内の一画には当時操業していた日本最小の蒸留所を見ることができます。

マジン台　泡盛麹をつくるには一定の温度が必要です。機械化されるまでは蒸米の温度は指先で感じ取りました。おおよそ四二度前後で冷やし、蒸米の一部に黒麹菌を混ぜ合わせ、それを全体に揉み広げよく混ぜ合わせて三八度前後に保ち、こんもりと山盛りに積んで糖藁で作られたニカブクに包みます。この作業をマジン（引き込み）と呼びます。

直火蒸留機　銅製の鍋の大きさは六～七斗、その上に木製か金属製の蓋をかぶせます。蓋の中央には冷却層への蛇管（導管）があり、モロミ（米の醱酵液）を鍋に入れ煮沸させると蒸気が導管を通り、冷却層の中で液体になった泡盛のしずくを甕に蓄積します。冷却層にはたえず井戸水を入れ替えることで温度を下げていきました。

泡盛博物館

日本最小の蒸留所

仕込みの甕

洗米作業

薬莢大鍋

仕込み甕　釉薬がかけられ、清潔に保てる甕が仕込み甕として重宝されました。仕込みは、麹一に対して一・三倍程度の水を加えて混ぜ、種母「アヒャー」を作ります。「アヒャー」は前回の仕込みで醗酵の良いもろみを次の仕込みの酒母として使用します。

芋洗い機　石をくりぬいた、頑丈に作られた足踏み芋洗い機です。芋洗い機にサツマイモを入れ、バランスを取りながら裸足で芋を洗います。この後切り分けられた芋は蒸してもろみに入れ醗酵すると芋焼酎の出来上がりです。昔から泡盛造りは米を材料に用いますが、米が少なく原料不足の折、穀類であれば何でも混ぜた時代があり、芋や粟、白糖、黒糖などを加え泡盛とした時代がありました。

薬莢大鍋　銅製の大鍋で、戦前戦後を通じて銅が不足した際、やむなく薬莢を集めて伸ばして使用したものです。

このほか、瓶の栓を閉じるために使った手押し式打栓機や足踏み式打栓機なども展示されています。

❖八重泉酒造（沖縄県石垣市字石垣一八三四）

八重泉《やえせん》酒造は石垣島にある泡盛の大手酒造会社の一つで、一九五五（昭和三〇）年に創業しました。

工場見学は、防疫上のリスクから実地見学は行われていませんが、工場に隣接する建物の二階で泡盛の製造工程をわかりやすく解説した映像を見せています。その中に「醸造酒は原料の味が伝わるが、蒸留酒は原料の味が伝わらない」という言葉が出てきます。醸造酒はいわゆるお酒、日本酒などを指しています。蒸留酒は焼酎、泡盛などを指します。泡盛の製造は、タイ米を蒸し、蒸した米に黒麹菌を混ぜて醗酵させていきます。

八重泉酒造

日本酒は醗酵時にほかの微生物が混じるとだめになるので寒い時期にしか行われないのですが、暑い沖縄ではそれが行えません。そこで黒麹菌の登場となります。黒麹は醗酵時にクエン酸を生じます。クエン酸はほかの雑菌の繁殖を抑えるという特徴を持っています。こうしたことを解説しながら蒸留段階では単式蒸留機で蒸留して泡盛が出来上がります。さらにタンクで熟成されていきます。熟成された泡盛はタンクでブレンドされ、さらにアルコール度数を決める割り水を行って製品となっていきます。ちなみにウィスキー、ブランデーや泡盛のような蒸留酒は長い時間をかけて熟成すればするほどまろやかとなり、おいしくなるとのことです。

映像が終了すると受付のある一階に移動します。そこでは泡盛製品の実物展示や試飲も行っています。とくに地元の毒蛇でもあるハブを泡盛に付け込んだハブ酒の製造工程の説明があり、多くのハブが漬け込まれたハブ酒の瓶が並べられています。気味が悪い気もしますが、人気は高く売れ筋商品とのことでした。

❖池原酒造（沖縄県石垣市字大川一七五）

池原酒造は、石垣市の市街地にある小規模な醸造所です。JAT（日本トランスオーシャン航空）の機内誌に「家族の店」という記事があり。池原酒造の紹介がありました。訪問前に見学の了解を得ていたこともあり。興味深く記事を読みました、

創業は一九五一（昭和二六）年、ところがわずか三年後初代の池原幸吉氏は他界してしまい、残された妻と長女、長女の夫の正さんによって引き継がれて細々と泡盛づくりを行ってきました。祖父母のひたむきな姿に、東京の大学を卒業して就職していた孫の優さんは東日本大震災を契機に帰郷し、跡を継いで三代目蔵元となりました。

三代目社長の案内で工場見学しました。工場では蒸しあがった米を麹を混ぜるため作業台に移す作業の

ハブ酒の瓶

レクチャールーム

池原酒造

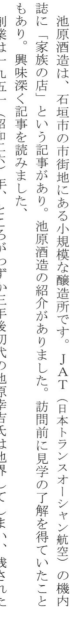

米を蒸す

米と麹を混ぜる作業台

最中でした。そのため先が見えないほど蒸気が充満していました。しばらくして目が慣れてきたこともあって作業内容が理解できました。中央には米を蒸すための大きな釜があり、燃料の薪が燃えていました。作業は若い杜氏がせわしなく動いていました若社長から製品についていろいろ伺いながら試飲させていただきました。ここで造られているのは「白百合」と「赤馬」の二つです。

石垣島にはこのほか、玉那覇酒造所、仲間酒造も泡盛の製造販売を行っています。

❖ 久米仙酒造 （沖縄県島尻郡久米島町字宇江城二一五七）

久米島の「久米仙」は全国的にも知られた泡盛の銘柄の一つです。

久米仙酒造は一九五二（昭和二七）年、那覇市にて創業。工場は島のやや高台にあります。自動化された瓶詰め作業などの製作工程のほか、醸造のための多数の古酒が入れられた壺が規則正しく置かれています。

古酒が入った壺

久米仙酒造

ワインの博物館

ワインは、果実に焼酎やブランデー、砂糖を加えて作られる果実酒とは製作方法が異なります。

果実酒はヨーロッパのブドウ酒が有名で、ギリシャ時代に遡ることは広く知られていますが、日本でも縄文時代の井戸尻遺跡から出土した有孔鍔付土器の内側にヤマブドウの種子が付着し、カップ状土器が合わせて出土したことがあります。これはこの土器で果実酒が造られていたことを示すもので、縄文時代に果実酒があったとされました。

しかしこれについて文化人類学者から強い反対意見が出ました。すなわち世界の狩猟民で酒を造っている民族はいない、また穀物栽培の存在なしで酒を造っている例がほとんどない、さらに果実酒を造るには、原料となる果実が食料以上の量が必要であり、その確保のためには栽培していなければならない、そして有孔鍔付土器が形状から貯蔵用容器であるとしても、採集社会ではヤマブドウなどの果実の貯蔵はごく自然なことで、種子の痕跡だけで果実酒が造られたとはいえないというのです。

またカップ状土器の出土については、液体用の容器であったとしても、それが酒の容器とは限らないと思われます。

北海道のワイン

北海道のブドウ栽培地の余市町、岩見沢市、富良野市、池田町などは、四～一〇月の日照時間が一一〇〇時間以上と長く、月平均気温が一五℃以下と冷涼であることから、有機酸が豊富に含まれるブドウが収穫できます。さらに国内の他の栽培地に比べて湿度が低く、四～一〇月の降水量が七〇〇㎜以下と少ないため、カビ等を原因とする病気の発生が抑えられ、総じて健全な状態で収穫できるという特徴を持っています。このような自然環境の北海道は、シャルドネ、ピノ・ワールなどの欧州系品種の栽培に最も適した地域とされています。

北海道の白ワインは、一般的に透明に近いか淡黄色で、香りは華やかな花や青りんご、柑橘系果実の香り（アロマ）が豊かです。味は豊かな酸味で、辛口は酸味が鮮明に感じられ、甘口は酸味と甘味が調和しフルーティで軽快です。

赤ワインは、一般的に薄めの鮮紅色からやや濃い赤紫色で、香りはスパイスや果実の香りのほか、軽快な熟成香（ブーケ）のものがあります。味は中程度もしくは軽めであり、はっきりとした酸味と穏やかな渋味で、長期熟成した場合でも果実味が感じられます。

ロゼワインは、一般的に紫系からオレンジ系の色合いで、香りは豊かな果実の香りです。味は、甘口は原料のブドウを連想させる程よい甘さと酸味のバランスがよく、辛口は酸味が鮮明に感じられ、いずれもフルーティで爽やかです。

北海道では、一八七五（明治八）年にアメリカ系ブドウを札幌に移植し、翌年には開拓殖産業として札幌に葡萄酒醸造所が開設されました。最初のワインはヤマブドウで製造されましたが、その後コンコードなどのアメリカ系ブドウが使用されるようになり、一八八七年から民間に払い下げられ製造が行われましたが、葡萄酒醸造所が廃業したため産業としてのワイン製造は中断してしまいます。一九六五（昭和四〇）年頃から、寒冷地での栽培に適したブドウ品種選抜や、交配によるブドウ育種およびワイン製造方法の模索が行われ、一九八四（昭和五九）年に道産ワイン懇話会が設立され、製造者間の情報交換が活発となり、ブドウ栽培とワイン醸造は飛躍的発展を遂げていきます。

❖池田ワイン城（北海道中川郡池田町清見八三）

昭和二〇年代の後半、十勝地方は次々と自然災害に見舞われましたが、一九五二（昭和二七）年の十勝沖地震の被害は大きく、翌年から二年連続で冷害による凶作となりました。この苦境から脱却するために生まれたのが池田ワインです。

一九六〇（昭和三五）年にワイン同好会が結成され、一九六三（昭和三八）年には果実酒製造免許を取得し、自治体が経営する初のワイン製造が開始されました。翌年には池田町のヤマブドウから醸造された十勝ワイン山葡萄酒が第四回ワイン・コンペで銅賞を受賞します。しかし、原料がヤマブドウだけでは安定的なワイン製造は続けられません。そこで「栽培ブドウで成功を」という大きな目標を掲げた農業振興が図られることになり、ブドウ栽培に力を入れていきます。

まず取り組んだのが独自品種の開発とヨーロッパからの苗木の導入でした。一九六六年、フランスで育成された「セイベル一三〇五三」の苗木を導入しました。その後、枝梢の登熱がよく、果実も密着型で量産が可能な「清

池田ワイン城

美」が誕生しました。

　この「清美」種から造られる赤ワインは北国ならではのしっかりした酸味と軽快な味わいで、まさに十勝ワインの代名詞ともいえます。

　元来、厳寒の地である十勝は、ブドウの育たない地です。一年草の作物は、収穫を終えた後翌年春まで土が凍っても、夏にある程度の気候と日射があればそれなりに育ちます。しかし永年作物である果樹はそうはいきません。冬期は極低温に加え晴天による乾燥した日々が続き、通常のブドウ栽培ではブドウ樹が枯死してしまいます。そこで池田町では冬期間ブドウを土の中で埋めて、寒さと乾燥からブドウを守ります。他のブドウ栽培地域にはない厳寒地ならではの苦労が絶えなかったようです。一方、池田町の日照時間は国内有数の長さがあり、またブドウの成熟期である秋には日中、夜間の温度差が大きいので、ブドウの糖度はあがり、糖と酸のバランスが良くなります。このバランスこそ優れたワインを造る絶対条件なのです。

　池田ワイン城は、池田町を見下ろす高台にあります。城内には、瓶熟成、樽熟成の展示があります。樽熟成では、秋に造られたワインは冬には樽に詰められ一年間樽熟成します。これによってワインがおいしく生まれ変わるといわれていますが、実のところは樽内で自然の乳酸菌が醗酵するために北国独特の酸味が和らげられることにあるようです。熟成室の樽はフランス産のオーク材を使用していますが、どの地域産かもワイン熟成には大いに影響を与えると解説されています。

　次に「十勝ワインすとーりーと」題されたコーナーがあります。ここには「ブドウ畠の一年」や「幻の赤ワインといわれて」、「酷寒の地での挑戦」などブドウ造りの難しさに挑戦して克服してきた歴史がパネルで示されています。また様々な種類のコルク栓抜きも並べられています。

　中二階には、アランビックと呼ばれる蒸留機が置かれています。赤銅色に輝くこの機械は、フランス・

樽熟成

ワイン城入口

瓶熟成

工場内の機械類

フランス製の蒸留機

入口に並べられた醸造用の樽

ワイン城前のブドウ園

コニャック地方で造られる最高のブランデー「コニャック」の製造に使用されていた蒸留機で、百数十年前のものです。ちなみに、ブランデーはワインを蒸留して高濃度のアルコール液にした後、長期間木の樽で熟成して出来上がります。

城に隣接してブドウ園とワイン製造工場があります。工場では、流れ作業のワイン瓶詰め工程を見学することができます。

コルクについて。コルクは、地中海沿岸地域に群生するコルクの木から造られます。羊のように毛を刈り取って、また成長して毛を刈り取る。これと同じことが出来るのがコルクの木です。

ポルトガルやスペインの巡礼者が移動の際に樽や瓶にコルクの栓をして運んだのが栓として使われた始まりだといわれています。ポルトガルはコルクの生産量世界一を誇っていますが、十勝ワインでは日本で加工されたポルトガル製天然コルクを使っています。しかし天然コルクの価格上昇やワインにコルク臭が移るなどのトラブルから、近年では樹脂コルクやスクリューキャップのワインも増えてきていますが、コルク栓はまだまだ長期熟成ワインには欠かせないものとなっています。

容器について。初めてブドウを醗酵させてワインを造ったのは、紀元前三〇〇〇年頃のメソポタミアのシュメール人で、のちにエジプトやシリアへ伝わったといわれています。瓶が登場する以前、ギリシャ人、ローマ人はアンフォラと呼ばれる手付きの土製の壺にワインを入れていました。しかしアンフォラは壊れやすく運搬も面倒なためヤギの皮袋が使われるようになりました。紀元一、二世紀になるとガリア（現在のフランスとベルギー）に住むケルト人は瓶を容器としてビールを作っていました。そこにローマ軍がやってきて瓶入りワインも登場するようになりました。その後、ワインの歴史にガラス瓶が登場するのはイギリス産業革命が始まる前の一七〇〇年代頃と考えられています。ちなみに、ガラス瓶以前には土器陶器瓶が用いられていました。

なお城の正面には、一九世紀末頃まで使われていたドイツ製のブドウ圧縮機を見ることができます。ドイツ南部（フランケン地方）のワイン蔵から出てきたものです。この機械は二〇世紀初頭に油圧式の圧縮機ができるまで使われていたものです。また城の入口外にはワイン醸造用の樽が積み上げられています。

東北のワイン

東北地方では山形県がワイン産地として知られていますが、南部杜氏の故郷として日本酒の生産が盛んな岩手県でも、花巻市や紫波町でブドウの栽培とワイン造りは行われています。

❖エーデルワイン　ワインシャトー大迫

（岩手県花巻市大迫町大迫一〇―一八）

両側にブドウ棚が続く道をしばらく行くと、エーデルワイン・ワインシャトーに到着します。ここにはワイン工場、ショップ、レストランなどの建物が立ち並んでいます。

大迫町と大迫農協が出資して一九六二（昭和三七）年に設立した岩手県葡萄酒合資会社が翌年から赤ワイン「エーデルワイン」の販売を開始しました。エーデルワインのさまざまな製品は国内外のワインコン

ワインシャトー大迫

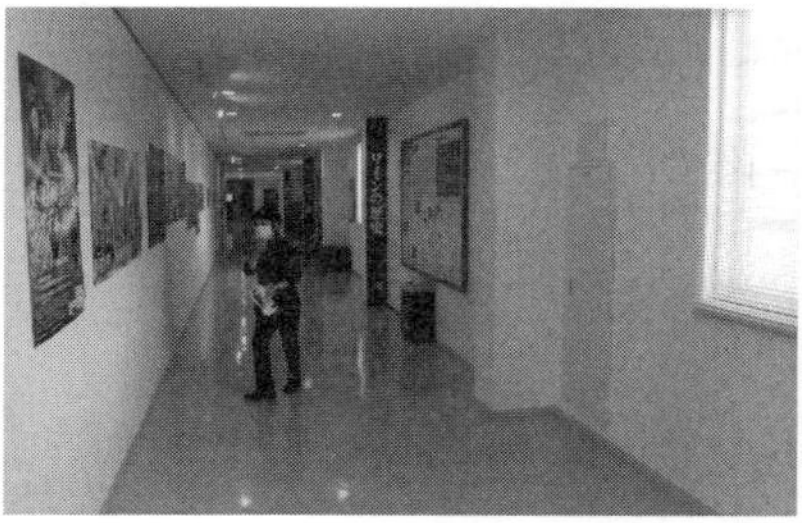

廊下の展示

工場内部

エーデルワインのロゴマーク

クールで受賞しています。

工場は二階建てのヨーロッパ風建築で、ここで工場見学ができます。入口には昔使われていたワイン造りの道具が置かれています。二階に上ると広い廊下が続き、壁面には「ワインの歴史」、「素材とこだわり」、さらに受賞メダルや表彰盾などが展示されています。反対側のガラス窓越しに工場見学ができるようになっています。そこでは圧搾から醸造、貯蔵、そしてキャップつけや検査の様子も見ることができます。そのほか、ワインオープナーをはじめとするワイン関連品の個人コレクションもあり、最後は商品の展示です。

工場見学が終わると試飲タイムになります。

ところで、「エーデル」という名称は、早池峰うすゆき草とアルプスのエーデルワイスが姉妹花ということからつけられたとのことで、一九六五（昭和四〇）年には、これが取り持つ縁でオーストリアのベルンドルフと友好姉妹都市になりました。

エーデルワインのロゴマークは、ブドウ園と人がテーマとなっています。内側の五つの円はブドウ園を、白い円は造り手を表し、外側の封印は「決意」を表しています。

山梨のワイン

山梨県は西側を走る赤石山脈系と南側の県境から北東に伸びる富士火山系の高山群に囲まれた山間地です。盆地特有の気候として日中と朝夕の気温差が大きく、ブドウの栽培に適しています。

山梨ワインは、ここで古くから栽培されてきたブドウのほか、ヨーロッパ原産のヴィニフェラ種などを山梨の自然環境に根付くよう品種選抜や栽培方法の工夫などを行ってきました。

「甲州」を原料としたワインは、香りが豊かで口中で穏やかな味わいを感じることができ、ドライなワインはフルーティな柑橘系の香りとはつらつとした酸味があります。マスカット・ベリーAを原料とするワインは、鮮やかな赤紫色を呈し、甘さを連想させる華やかな香りとタンニンによる穏やかな渋味を持っています。ヴィニフェラ種を原料とする白ワインは、やや穏やかな酸味とよく熟した果実の香りで、口に含むとボリューム感に富んでいます。ヴィニフェラ種を原料とした赤ワインは、しっかりとした色調を呈し、タンニンによるボディの強さとふくよかさのバランスがよいとされています。

❖宮光園（山梨県甲州市勝沼町下岩崎一七四）

宮光園は明治から昭和にかけての「宮崎葡萄酒醸造所」の遺構で、日本のワイン産業発祥の歴史を伝え

宮光園南門

主　屋

る貴重な近代産業遺産です。一八七七（明治一〇）年に設立された日本初の民間ワイン醸造会社「大日本山梨葡萄酒会社」が一八八六年に解散した後、醸造具一切を引き継ぎ操業を開始しました。大正期にはブドウ狩とワイン工場の見学をセットにした観光スタイルをつくり、皇族の方々や多くの観光団を招きました。創業者の宮崎光太郎の頭文字をとって「宮光園」と呼ばれています。敷地内には主屋、白蔵、離れ座敷、道具蔵、文庫蔵などが立ち並び、往時の姿を伝えています。

主屋は一八九六（明治二九）年に建てられました。一階は日本建築、二階は洋風建築となっている独特の建物です。一九二八（昭和三）年に改築するまでは二階も日本建築で、この地方によくみられる甲州民家の造りでした。洋館風に改築したのは、ワインが西洋文化の象徴であることを意識してのことでした。日本のワイン文化は和洋折衷の文化ともいわれますが、この主屋はその象徴的な建物といえましょう。二階ではブドウ造りに関する様々な展示が行われています。

第一展示室は「ワインづくりの始まり」です。山梨県令藤村紫朗は、明治政府の殖産興業政策のもと、県立のワイン製造所を一八七七（明治一〇）年に旧甲府城内に設立しました。同年、勝沼でも日本で初のワイン醸造の会社「大日本山梨葡萄酒会社」が設立されました。地元の有志が中心で、株主には県内の有力者が多く参加しました。会社では設立と同時に二人の青年（高野正誠・土屋龍憲）をフランスへ派遣、本格的なワイン醸造を学ばせました。

帰国後二人は本格的なフランス式ワインの醸造に着手しました。原料はすべて甲州ブドウとし、下岩崎の日本酒の工場で三〇余石のワインを初めて造りました。当時は添加物を加えた甘いだけの「甘味葡萄酒」が好まれていましたが、大日本山梨葡萄酒会社は本格的葡萄酒を売り出そうとしたのです。ところが不況のあおりを受けて販売は振るわず、一八八六（明治一九）年に会社は解散してしまいます。

しかし同年土屋龍憲と宮崎光太郎は会社の醸造設備などを譲り受け、新たに甲斐産葡萄酒醸造所を設立し、本格ワインの主力ブランドとして、「大黒天印甲斐産葡萄酒」の醸造を始めました。

一八九二（明治二五）年、宮崎はワインの製造・販売を一手に行うため自宅内に「宮崎第一醸造所」をつくりました。翌一八九三年には五〇〇石を醸造したとの記録があります。また一九〇四年（明治三七）には、宮崎第二醸造所を建設しました。前年に中央線の新宿・甲府間が開通しワインの大量出荷が可能となったことから事業を拡張したのです。事業の拡大は「甘味葡萄酒」や「薬用葡萄酒」の生産を可能にしました。この第二醸造場は「旧宮崎葡萄酒醸造場施設」として山梨県の文化財に指定され、現在はメルシャンワイン資料館として当時の醸造道具そのまま利用しながら活用されています。

事業の拡大は「甘味葡萄酒」や「薬用葡萄酒」の生産を可能にしました。

本格ワインは「大黒天印」、「甘味葡萄酒」は「エビ葡萄酒」、薬用葡萄酒は

主屋2階の廊下と展示室

「滋養帝国葡萄酒」のブランド名で出荷されました。

一九〇三（明治三六）年「大黒天印甲斐産葡萄酒沿革」には当時の商品として先述の三品が記録されていますが、一九二一（大正一〇）年「甲斐産葡萄酒沿革」には、「ブランデー」「ポートワイン」「スイートワイン」「人参規那鉄葡萄酒」「ウィスキー」など二四品目が記載されています。甘味ワインの種類と「人参規那鉄葡萄酒」のような滋養ワインの種類が増えているのは、女性層を期待してのことでした。ちなみに「人参規那鉄葡萄酒」の「人参」は朝鮮人参、「規那」とはアカエ科のキナの樹皮からとれる「キニーネ」、「鉄」は貧血に効く「鉄分」を指します。なお新製品としてウィスキーも加えられています。

また宮崎は一九一三（大正二）年の勝沼駅開業に合わせてブドウ狩りとワイン工場見学を行う観光事業を企画するなど、勝沼地域の遊覧ブドウ園、現在の観光ブドウ園の先駆けとされています。明治時代から宮光園には多くの皇族・賓客や著名人が遊興に訪れています。

第二展示室は「宮光園とは」がテーマです。宮光園の建物は、東西棟の道具蔵に南北棟の文庫蔵がL字型にとりつき、二階の土蔵の南側にL字型の離れ座敷が付いていています。一

宮光園主屋の修復工事の際に主屋の取次の間の床下から地下蔵が見つかりました。隣の前の間の床下にも地下蔵があり、通路でつながっています。用途は不明ですが、繭の卵の保管などに使ったのではないかと思われます。沓

地下蔵

地下貯蔵庫

脱石に続く縁板を二枚外すと出入りができます。

この地下貯蔵庫にははじめ石積の醗酵槽が造られましたが、のちに樽による熟成庫として使われました。大きな樽は三一石（約五五八〇リットル）の容量があります。七六〇リットル瓶にして約七七五〇本分となります。小ぶりの樽は十二石（約二一六〇リットル）で、七六〇リットル瓶にして約三〇〇〇本分となります。現在では主に二二五リットルの小樽を使っていますので、このような大樽の貯蔵庫はあまり見られません。この地下貯蔵庫は、一九二一（大正一〇）年から一九六一（昭和三六）年まで使用されていました。

白蔵は白ワインの醸造及び熟成庫として使用されました。「宮崎葡萄酒第二醸造場」（現メルシャン・ワイン資料館）とともに重要な役割を果たしていました。一階には醗酵桶、地階は熟成樽が置かれていました。

❖ メルシャンワイン資料館（山梨県甲州市勝沼町下岩崎一四二五）

一九〇四（明治三七）年に宮崎葡萄酒の第二醸造所として建築された建物が現在はメルシャンワイン資料館として使用されています。宮光園とは道路を隔てて隣接しています。なお現在でも貯蔵庫として使い続けられており、一九九七（平成九）年に県の有形文化財に指定されました。

展示品には「大日本山梨葡萄酒株式会社株券」「土屋龍憲往復記録」「土屋龍憲実習記録」「正明（龍憲）用録草書」など貴重な文献があります。また一八七九（明治一二）年に高野正誠と土屋龍憲がフランスから帰国し醸造された最古のワインは、日本でワイン醸造を志した人々の夢と情熱の結晶です。永久保

メルシャンワイン資料館

荷　車

展示室

圧搾機

受液槽

ワインづくりの道具

存のため松の天然樹脂で密封されています。

ワインづくりの工程の展示をみましょう。

収穫／収穫したブドウを竹かごに入れ、天秤棒や大八車で製造所まで運びます。

破砕／水車の力や人力を利用した木製の破砕機でブドウをつぶします。

圧搾／破砕したブドウの果皮・果肉を「圧搾機」に入れ、人力で果汁を搾ります。

受液槽／水車の力で破砕され、石造りの破砕溜めに残った果皮は、バスケットプレスに移し圧搾する。その搾汁の受液槽としても使用されます。この槽にたまった果汁は試桶で清水桶に運び、そして醗酵させます。

圧搾機（バスケットプレス）／石造りの破砕溜めに残った果皮を圧搾して果汁をとる機械で土屋龍憲・高野正誠の二人がフランスから帰国後日本で製作させたものです。

醗酵／果汁を手桶で汲みあげ「清水桶」に一杯ずつ移して醗酵を行います。

樽育成／醗酵を終えたワインを樽に移し、醸造所内で貯蔵します。

瓶詰／ワインをろ過して瓶詰めし、コルクを手作業で打ち込んでいます。

一九〇四（明治三七）年の建設当時は地下セラーはなく、昭和初期に造られました。この一帯の土地は地下水を含んでいるため冬は暖

貯蔵用大樽

地下貯蔵庫

かく夏は涼しく、ワインを貯蔵するのに適した条件を備えています。ここには約二八〇〇リットル（七二〇リットル入りボトル約四〇〇〇本分）のワインが入る樽が一九本並んでいます。現在この樽にはワインは入っていませんが、二〇一〇（平成二二）年春まで実際に使われ、先人たちの熱い思いが込められた銘品の数々がこの樽から誕生しました。

❖勝沼醸造　（山梨県甲州市勝沼町下岩崎三七一）

勝沼醸造は、初代社長が製糸業を営む傍ら一九三七（昭和一二）年にワインの個人醸造を始めました。戦時中は軍の要請で酒石酸採取を行っていました。戦後になって組合から株式会社となり、一九五〇（昭和二五）年に果実酒醸造免許を取得、町村合併による町名変更を機に社名を勝沼醸造としました。

一九七三年には甲州ワインの新ブランド「アルガブランカ」を発表し、一九九六年からはＥＵへの輸出も始めています。

とくにブドウ栽培にはこだわっています。余分な肥料は使わず、土を固くする、まめに手入れするなどで病気を未然に防いでいます。またブドウの可能性を最大限に引き出すため石灰などを投入して土地改良に努めています。一本一本の木の間隔が狭い垣根栽培は、一本の樹になる実を制限することで甘みが強く味の濃いブドウにと揚げています。ブドウの肩や先端を落とし小さい房にするのは、収穫は減っても糖度の高い良質の原料にするためです。

勝沼醸造

祝、大和、金山の三地区に自社のブドウ園があり、それぞれの土地の特性を生かしたブドウ造りが行われています。それぞれの土地の特性とできあがる葡萄酒について簡単に記述すると次のようになります。

祝地区は標高四〇〇m前後で、黄色がかった富士山の火山灰と栄養分に貧しい土で形成されます。柑橘系のフルーツよりも白桃などの糖度が高いフルーツの香りが特徴で、口の中に感じる苦みが和食のうまみとマッチしています。大和地区は標高約五〇〇m、水はけのよい砂礫質で雨にも強く、昼夜の温度差が理想的で風通しがよく低湿気。きりっと済んだ果実味と豊かな酸味が特徴。ミネラル感も高く、芯の通ったはっきりとした個性があります。金山地区は標高三五〇m、粘土質で砂礫土をはさんだような地層。皮厚で、ゆったりとした熟成するブドウが収穫でき、力強い果樹味は余韻が長く、和食のダシと好相性で寿司にも合います。

勝沼醸造は他社に先駆け、逆浸透膜濃縮装置、氷結濃縮法を採用し、世界に通じるワイン造りに挑戦しています。実が大きく水分が多い甲州種は搾汁率が低いと水っぽい果汁になってしまうので、ブドウにストレスをかけることなく丁寧にゆっくりと時間をかけて絞ることで、皮と実の間にある旨味まで取り出します。さらにしっかりと絞った際に出てくる甲州種ならではの苦みを生かし、本来の個性が際立つワインに仕立てています。

貯蔵樽

ワイングラスギャラリー

ワイナリー見学は時間が合わなかったので参加できませんでした。本来のワイナリー見学コースは、HPによるとワインの製造工程、醸造場、ボトル詰め作業、地下のワインカーヴなどが見学できるとあります。しかしワイングラスギャラリーと地下収蔵庫は自由に見学できるとのことだったので入ってみました。地下貯蔵庫には貯蔵樽が積み上げられ、ワイングラスギャラリーには大小さまざまなワイングラスとデキャンタが規則正しく並べられています。

❖蒼龍ワイナリー　（山梨県甲州市勝沼町下岩崎一八四一）

蒼龍ワイナリーは、一八九九（明治三二）年の創業で、農家の共同醸造会社としてワイン造りを始めました。本場のワイン製造技術をフランスから持ち帰り日本のワイン作りの先駆者となった高野正誠と土屋龍憲と親戚関係にあったとのことです。一九四三（昭和一八）年に鈴木重信（現会長）の個人免許として出発し、一九九六（平成八）年に全国で最初の無添加ワインを発売。元祖メーカーとして好評を得ました。

直営売店

貯蔵用の棚

蒼龍ワイナリー

社名の蒼龍は中国の故事が由来です。東西南北の守護神のうち東を守る神のことで、幸福を呼ぶ神ともいわれています。

ワイナリーは自由見学です。直営売店の中央の階段を降りるとワイナリーで、貯蔵用の棚やワイン貯蔵用の木製の樽が積み重なっています。

❖ 龍憲セラー　（山梨県甲州市勝沼町下岩崎一八五〇）

蒼龍ワイナリーの先に、畑の中に山盛りのコンクリートで固められた、まるで防空壕のようなものが見えてきます。これがアーチ煉瓦造りの半地下式ワイン貯蔵庫「龍憲セラー」です。

一八七七（明治一〇）年にメルシャンのルーツとなる日本初の民間ワイン会社「大日本山梨葡萄酒会社」が誕生し、土屋龍憲と高野正誠がワイン造りを学ぶためにフランスへ派遣されました。二人の帰国後ヨーロッパスタイルのワイン貯蔵庫がここにつくられました。竣工は明治三十三年頃と推定されています。

❖ くらむぼんワイン　（山梨県甲州市勝沼町下岩崎八三五）

くらむぼんワインは、一九一三（大正二）年に自家ブドウで酒造りをしたのが始まりです。戦後に近隣のブドウ栽培農家が集まって「田中葡萄酒醸造協同組合」となり、その後「山梨ワイン醸造」、「山梨ワイン」を経て二〇一四（平成二六）年に「くらむぼんワイン」と社名変更しました。この「くらむぼん」とは、宮沢賢治の童話『やまなし』で蟹が話す言葉から引用されたものです。人間と自然の共存や他人への思いやりを童話で表現した賢治に共感して社名にしたとのことです。

龍憲セラー

醸造用の道具

くらむぼんワインは、地域特産の「甲州」や「マスカットベリーA」を原料に、日々の食卓に上るデイリーワインとして和食文化の一端を担っていくことが願いだとのことです。

ワイナリーには醸造用の樽やぶどうの圧搾機が置かれています。

❖シャンモリワイン　（山梨県甲州市勝沼町勝沼二八四二）

勝沼の市街地を貫く道路の両側にシャンモリワインとシャトレーゼワインのワイナリーがあります。シャンモリワインの広い敷地内にはワイン工場、レストラン、駐車場などがゆったりと配置されています。

江戸時代中期から尾張で酒、味噌、醤油の醸造業を営んできた盛田家は、明治になると甲州のブドウ栽培、ワイン醸造に目をつけます。尾張国小鈴谷村の官有林の使用許可を得てブドウ園を開き、醸造用ブドウの植え付けを始めました。農商務省の専門家を招いて栽培指導を受けるなどして盛田ブドウ園は着実に成長していきました。当時のブドウ栽培数は愛知県が全国の半数を占めるまでになっていたとのことです。一八八五（明治一八）年、ワイン醸造場の建設指導者として甲州より技術者を招き、ようやく収穫可能となったブドウを使って秋仕込みの準備を整えていました。ところが、当時世界的に猛威を振るっていた害虫フィロキセラが盛田ブドウ園にも襲いかかり、たちまち壊滅状態に陥ってしまいました。フランス並みのワイン造りを目指し

シャンモリワイン

くらむぼんワイン醸造用の樽

た夢は果たされませんでした。

それから長い期間を経て一九七三（昭和四八）年、十一代目久左衛門が果たせなかったワイン造りに十四代目が再挑戦することを決意し、甲州勝沼にワイナリーを設立したのです。その後順調に発展し、勝沼町の要請に応えてワインバレー地区にも新工場を建設しました。

工場見学に参加しました。まず製品倉庫、次に樽貯蔵庫です。樽内醗酵させたもの、タンク内醗酵させた後樽熟成させるものがここに貯蔵されています。一般に赤ワインの方が樽熟成期間が長くなります。瓶詰めされたまま長期熟成されるものもこの貯蔵庫で低温貯蔵されるようです。

隣の棟に移ります。破砕・圧搾仕込み機があります。入荷したブドウをここで破砕し、絞られたジュースは醗酵タンクに送られます。次はタンク貯蔵庫です。醗酵終了したワインはここでタンク貯蔵するものと樽貯蔵するものとに分けられます。通路の反対側はボトリング室です。ここでは熟成後ブレンドされたワインが瓶詰めされますが、コルク栓だけ打って一～二年瓶熟成されるものもあります。次に売店、試飲場と続きます。

工場の見学用通路

工場内部

試飲場

❖ルミエールワイン（山梨県笛吹市一宮町南野呂六二四）

ルミエールワインは、蛤御門の変で松平容保とともに京都御所を守護した隆矢徳義により、一八八五（明治一八）年に凱旋門印の称号で創設されました。一九〇九（明治四二）年には南極探検隊に資金援助するとともに葡萄酒を寄付しました。航海中二度も赤道を通過したにもかかわらず製品の品質は劣化しなかったため品質証明書と感謝状を贈られたとのことです。

会社のある京戸川扇状地の傾斜地はブドウの栽培に最適であると同時に地下式セラーやタンクを造るのにも適していました。一九〇一（明治三四）年、この傾斜を利用した日本初のヨーロッパ型積蔵式半地下式貯蔵庫、石蔵発酵槽が構築されました。この石蔵発酵槽は耐酸性に優れている花崗岩を高い精度で積み上げて造られており、方形の発酵槽十基を横並びに建設して前面を地下通路でつないでいます。発酵槽一基で一万リットル以上の醸造が可能です。石造の躯体の上に木造の屋根がかかっていたのではないかと思われますが、現在は上部をコンクリートで塞ぎ、その上に新しい工場が建てられ、地下通路はセラーとして使われています。

石蔵発酵槽を用いた仕込みの方法は、まず竹製のろ過装置を発酵槽内に設置し、ブドウを房ごとつぶして入れて発酵させた後、密閉タンクへ移して熟成させます。これはヨーロッパ式の発酵槽に東洋にしかない竹を用いた独特の醸造法です。ワインの大量仕込み発酵タンクとして建設されたこの石蔵発酵槽は大変強固で、随時メンテナンスされながら現在でも使用可能であり、ワイン文化の記念碑といえるでしょう。平成十年には国の登録有形文化財に指定されています。

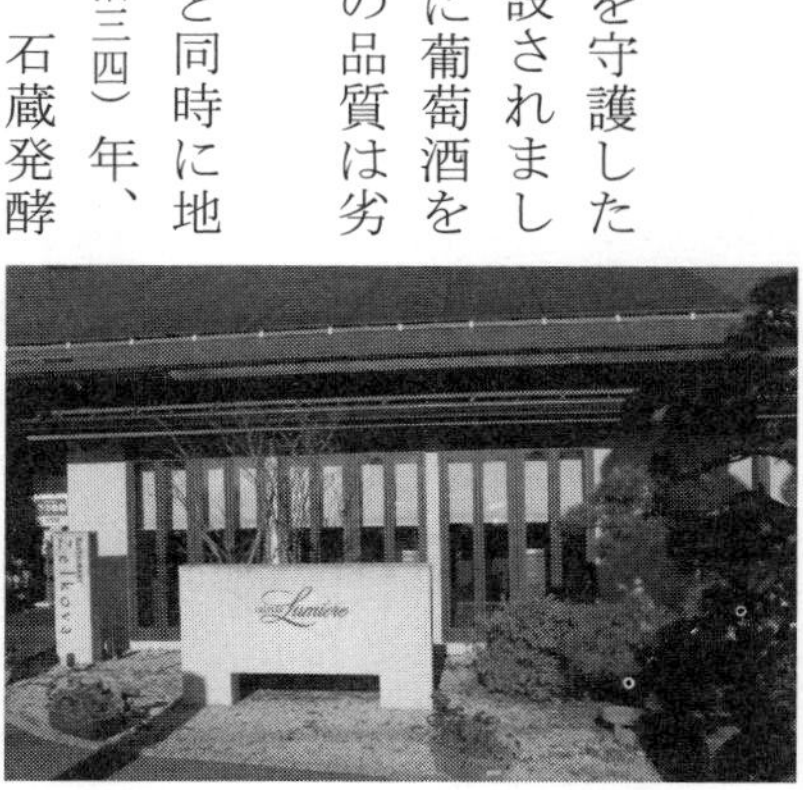

ルミエールワイン

ワイナリーツアーに参加しました。本社前に広がるブドウ畑の見学から始まります。ブドウの品種はプチメルロー、メルロー、甲州、シャルドネで、いずれも棚栽培で、奥には垣根栽培という方法の品種もあるそうですが、そこまではいきませんでした。次に醸造工場に向かいます。既に醸造が最終段階だったため内部の見学はできませんでしたが、発泡酒造りについての説明がありました。この後は国の登録有形文化財に登録されている石蔵発酵槽の見学では、小窓が小さすぎるのと外面の反射からよく見えませんでした。また地下貯蔵庫も感染防止のため内部の見学はできませんでした。

ステンレスタンク

国の登録有形文化財「石蔵発酵槽」
（同社HPより）

地下貯蔵庫

❖ サントリー登美の丘ワイナリー（山梨県甲斐市大垈二七八六）

甲府駅前からシャトルバスでワイナリーへ向かいました。市街地を過ぎると間もなく果樹園地帯に入ります。さらに山間部を十数分走ると大きく目の前が開けた駐車場に到着です。

あらかじめ予約していたワイナリーツアーに参加しました。ゲストハウスの受付で料金を支払い、名札とパンフレットを受け取り専用バスに乗り込みます。まず場内のブドウ園見学です。最も標高の高い所に展望台があり、天候が良ければ富士山が見えるとのことです。訪問した日はあいにくの天気でかないませんでした。

ブドウ園は品種ごとに区画され、丁寧な管理が行われている様子がわかります。展望台で全体の説明を受けた後、ブドウ園の観察です。ちょうど前日に今季の収穫が終わったところで、わずかに観光客用に取り残されたブドウを見ることができました。カベルネ・ソーヴィニョン、プチ・ヴェルド、メルロと様々なブドウ園を見たのち、バスで麓にある工場、貯蔵庫へ向かいます。途中の急坂ではスイッチバックという珍しい通行方法も見られます。

サントリー登美の丘ワイナリー

貯蔵庫は、丘陵の裾部を掘り込んで洞窟（トンネル）状としたものです。葡萄酒造りの映像、レクチュアを受け、樽貯蔵を見学します。多くの真新しい木樽と使い古された樽が横積みされています。次に同じ洞窟内の瓶貯蔵庫へ向かいます。長いトンネルの両側には六〇本以上の瓶が置かれた棚が五段見られます。またそれとは別に「一九七五」「一九七八」……と年数が表示された棚にラベルを張った完成品の瓶が置かれていました。これらの見学を終えてバスはスタート地点の富士見ホールへ向かいます。

ここでワインのテイスティングができます。テーブル上には白1、赤2のワインが入ったグラスとチーズ、チョコレート、天然水が置かれています。案内嬢からワインの説明があり試飲していきます。最後におもむろに貴腐ワインのグラスが運ばれてきます。貴腐ワインの特別な甘さが印象的でした。隣のワインショップでも二種類のワインの試飲が楽しめ、購入することもできます。

サントリー登美の丘ワイナリーは、一九〇九（明治四二）年の登美農園開園から始まります。そしてドイツから醸造技師を招き、近代的ワインづくりに取り組み、一九三六（昭和一一）年に寿屋（サントリーの前身）が経営を継承します。その後は、日本初の貴腐ブドウ収穫の成功、多くの国際ワインコンクールでの入賞などの実績を積み重ねています。

ブドウ園

貯蔵庫

樽貯蔵庫

ワインショップ

主要なブドウ産地である河内地域は金剛山地の山麓で、大阪平野に向かって緩やかに下がっているため、日照時間が十分に確保でき、また地層の基層が中央構造線特有の花崗岩で構成されており、緩傾斜地である表層の砂壌土と合わせて排水や風通しがよいという好条件に恵まれています。

この地域のワインは、凝縮された果実味と穏やかな酸味とほど良い旨味を感じることができ、心地よい余韻が残る、和食との相性がよいとされています。とくにデラウエアを原料としたワインは、爽快でみずみずしい香りと甘味が特徴です。ブドウを早摘みしたものは柑橘系の爽やかな風味が強調され、成熟したブドウを用いたものは凝縮された豊かな甘い香りが強調されるなど、収穫時期によって変化を楽しむことができます。

❖河内ワイン館　（大阪府羽曳野市駒ヶ谷一〇二七）

明治中期、果実栽培に適した羽曳野地域でブドウ栽培が始まりました。昭和初期にはブドウ栽培がピークになり、南河内一帯の生産高は全国一位を占めるに至りました。一九三四（昭和九）年、室戸台風が関西を直撃し、ブドウ園の被害は甚大でした。創業者近藤徳一はこれを契機にワイン造りに踏み切り、一九七八（昭和五三）年に河内産ブドウ一〇〇%の「河内ワイン」を販売開始しました。その後も事業を拡大し大阪の地ワインの知名度を広げていきました。そして一九九七（平成九）年に河内ワイン館が完成

河内ワイン館

します。

近鉄吉野線駒ヶ谷駅の近くに河内ワイン館があります。ワイン館の周りにはマスカットの木が植えられた小型のブドウ棚があり、そこから少し山手側には手入れが行き届いたブドウ畑があります。切妻の建物の一階がショップ、二階がレクチャールーム、レストランです。壁際のガラスケースの中には創業当時から使用されていた紺地の前掛け、大小のガラス瓶、賞状、瓶の蓋のコルクの原木などが置かれています。カラーパネルではブドウ畑や葡萄酒造りが解説されています。

ワイナリーは、河内ワイン館の手前にあります。入口を入ると、ブドウの栽培管理、ワイン醸造についての解説パネルがあり、反対側ではブドウの品種の説明があります。ワイナリー内部は広く、ステンレスと琺瑯のタンクが並んでいます。ステンレスタンクはワイン製造用、琺瑯タンクは梅酒用とのことでした。梅酒タンクの後ろにある木製の樽はワインの樽醸造用のもので、数年間寝かせておくためのものです。壁

工場内部

梅酒用タンク

かつて使われていた醸造道具

面には大きな秤やブドウ粒を破砕する機械などかつて使われていた醸造道具が展示され、簡単な解説も付けられています。

奥には別室があり、創業以来の製品が飾られた棚があります。また瓶を逆さに棚に並べて貯蔵されている所があります。これはスパークリングワインを熟成させているもので、山梨のワイナリーでも同じものを見たことがありますが、ここでは蓋をコルクに取り換えずにそのままの状態で出荷するとのことでした。

ワイナリー見学の後は、ワイン館に戻っての試飲タイムです。いくつかの種類の赤ワイン、白ワインを試飲させてもらいましたが、いずれも少々甘く感じました。

❖ カタシモワイナリー　（大阪府柏原市太平寺二―九）

明治初期、高井利三郎は河内堅下《かたしも》村の急斜面を開拓してブドウの栽培に取り組みます。その後一九一四（大正三）年に高井作次郎が果樹園経営のかたわらワインの醸造に成功し、カタシモ洋酒醸造所を設立します。一九三四（昭和九）年の室戸台風で畑の六五％が倒壊する被害に遭いましたが、戦後は、ヨーロッパ系ブドウ品種の栽培や自社農園有機肥料栽培に取り組んできました。

カタシモワインフードの貯蔵庫は大正時代に建てられ、一階は鉄筋コンクリート造り、二階は木造です。一階の床と壁にはコンクリートの内部に炭を詰め、気温や湿度の影響を少なくしています。ブドウの生産が拡大していった時代に出荷時期をずらすことで価値を高めるという生産者の知恵

カタシモワイナリー

から生まれた工夫でした。地場産業のブドウ生産にかかわる近代化遺産として二〇〇五（平成一七）年に国の登録有形文化財に指定されました。

一九三六（昭和一一）年頃にはこの地域で醸造許可を持つ農家は七〇軒ありましたが、現在ではカタシモワインフードのみとなりました。現存する西日本最古のワイナリーです。

貯蔵庫二階にはワインづくりの作業工程で使う道具類をはじめ、酵母菌の検出、培養などの実験器具などが保存・展示されています。これらは大正時代から昭和半ばにかけて使われたもので、二〇一〇（平成二二）年に柏原市指定有形文化財に登録されています。

ワイナリー入口

ショップ前の駐車場の大きな樽

ワイナリーショップ

ビールの博物館

ビールは大きく分類すると「エール」と「ラガー」の二種類になります。「エール」は古くからある伝統的な醗酵方法で、高めの温度、短期間で醗酵、熟成されたビールです。「ラガー」は中世以降に始まった新しい醗酵方法で、低めの温度、長期間で醗酵、熟成されたビールです。このほかいずれでもない自然醗酵で造られるビールもあります。

今ではビール、発泡酒、第三のビールが広く飲まれていますが、その違いを見ておきましょう。

「ビール」は、麦芽、ホップ及び水を原料として醗酵させたもの（麦芽の使用割合一〇〇％）と、麦、米、果実、コリアンダーなど特定の副原料を使用して醗酵させたもので麦芽の使用割合が五〇％以上のものをいいます。

「発泡酒」は、麦芽または麦を原料の一部とした発泡性のある酒類で、麦芽の使用割合が五〇％未満のもの、ビールの製造に認められない原料を使用したもの、麦芽を使用せず麦を原料の一部としたものが該当します。

「第三のビール」は、ビールの原料である麦芽を全く使わず、糖類、ホップ、水及びとうもろこし、えんどうたんぱく、大豆たんぱく、大豆ペプチド等を原料として醗酵を行ったビール風味の飲料です。

❖サッポロビール博物館

（北海道札幌市東区北七条東九―一）

函館本線苗穂駅の北側に煉瓦づくりのサッポロビール博物館があります。建物は一八九〇（明治二三）年に建設され、一九六六（昭和四一）年、サッポロビール創業九〇周年の時に「開拓使麦酒記念館」となり、一九八七（昭和六二）年にサッポロビール博物館となりました。

見学受付は建物三階にあります。自由見学コースを選び、スロープを下って二階のサッポロギャラリーへ向かいます。その途中、札幌工場で麦汁の煮沸に使われていた銅製の釜を見ることができます。赤銅色に輝く釜は、ビール製造（醸造）のシンボル的存在です。

サッポロビール博物館

二階では、明治初期の開拓使の時代から現代まで続くビール製造の歴史と足跡をたどります。「一八六九年開拓使のはじまり」から、「一八七五～、ビール醸造人中川新兵衛」「一八七五年～、北海道で作るべき、村橋久成」「一八七六年～、ビール醸造所の完成」「一八七七～、サッポロビールの初出荷」「一八八〇～、サッポロビールの評判高まる」「一八八六～、官営から民間企業」「一八九二～、ビール醸造の近代化」「一九〇三～札幌支店東京進出」と続き、昭和の時代は「一九五六～、サッポロビールの復活」「一九七七～、ビール時代を切り拓く」「受け継がれるものづくり」と結ばれています。

このほか、ビールのラベルの変遷、ポスターも展示されています。またサッポロギャラリーでは「開拓使のビールつくり」「赤レンガづくりのサッポロビール博物館」というテーマで三分間程度のミニ・シアターが用意されています。

一階のスター・ホールは、開拓使時代の雰囲気を残すビアホールで、サッポロビール北海道工場から直

博物館入口

展示室

送されたビールを楽しむことができます。有料ですが、他では味わえないものがあります。このほか一階にはミュージアム・ショップがあり、マグカップなど定番の土産品などを求めることができます。

❖アサヒビール・ミュージアム（大阪府吹田市西の庄町一―四五）

ＪＲ吹田駅北口から徒歩一〇分でアサヒビール吹田工場に着きます。ここにアサヒビールミュージアムがあります。

エントランス前には大正時代の竣工当時の建物の壁面が移築されています。これは歴史を感じさせる吹田工場の貴重なモニュメントですが、工場内にも大正時代の煉瓦づくりの建物が残っています。

いよいよ工場見学が始まります。まず大きな講堂（シアター）に通され、アサヒビールの簡単な歴史が映像で解説されます。続いてアサヒビールの人気商品スーパードライについてのパネル展示です。黒を基調とした壁面構成と効果的なスポット光線によって印象的な空間になっています。

アサヒビールミュージアム

プロジェクションマッピングのコーナーでは、仕込み室のポットスチルが表現され、釜や炉の中で何が起こっているのかを見ることが出来る仕組みとなっています。酵母エリアでは辛口を生み出す醗酵、醸成について紹介しています。スーパードライの辛口テイストカーブを視覚的に体感できるコーナーです。「ゴーライド」の部屋は、缶の上に乗って猛スピードで動くというヴァーチャル空間で、スーパードライが製品となる過程を映像で体感することができます。周囲にはスーパードライの銀色に赤の文字が引き立っています。

やがてカフェエリアに案内されます。スーパードライをはじめ様々な飲み物を飲用できるコーナーです。最後はミュージアム・ショップです。ここには様々な工夫を凝らした記念品が用意されています。

アサヒビールは、一九四九（昭和二四）年に大日本麦酒株式会社の分割によって設立。分割後は西日本

駐車場のモニュメント

竣工当時の建物の壁面

スーパードライについてのパネル展示

入口のディスプレイ

製缶工場

試飲場(カフェテリア)

地域で業務を展開していました。一時低迷期にありましたが、「スーパードライ」の成功などで急速に業績を回復し、二〇〇一（平成一三）年にはビール類市場でシェア一位となりました。その後、ニッカウヰスキー、アサヒ協和発酵、アサヒ飲料などを次々と完全小会社化し、取り扱い製品の範囲を拡大しています。

❖ キリンビール千歳工場

（北海道千歳市上長都九四九）

新千歳空港からJRで札幌に向かって三つ目の長都駅の西南約五〇〇mにキリンビール千歳工場があります。周囲には工場が建ち並んでいます。

工場に入ると専用のバスで別棟のガイダンスルームに向かいます。見学コースを入るとエスカレーターがあり、片側の壁面には美しいイラストが描かれています。長く続く廊下では壁面に映像が映し出されています。美しい山並みとホップ畑の映像、そしてホップとビールの関係の説明があります。実際にホップや材料を嗅ぎ、味わうこともでき、映像クイズ型式で醗酵のメカニズムを理解できます。工場では一番絞り缶のオートメーションによる詰め込み作業などを見学します。

最後に試飲タイムがあり、ミュージアム・ショップではキリンの製品や衣類などの記念品が販売されています。

キリンビール千歳工場

キリンビールは、一八八五（明治一八）年に設立されたジャパン・ブルワリー・カンパニーの事業を引き継ぎ、一九〇七（明治四〇）年に創立されました。一九五〇年代半ばの高度経済成長期のビール需要の驚異的な伸び、二度のオイルショックなどを経てビール市場が成熟化していくなか、「嗜好、健康、文化に関連を持つ分野に事業を拡大し、ビールを核として生活の質的向上（豊かでゆとりのある生活）に貢献する企業」になることを目標に掲げてきました。

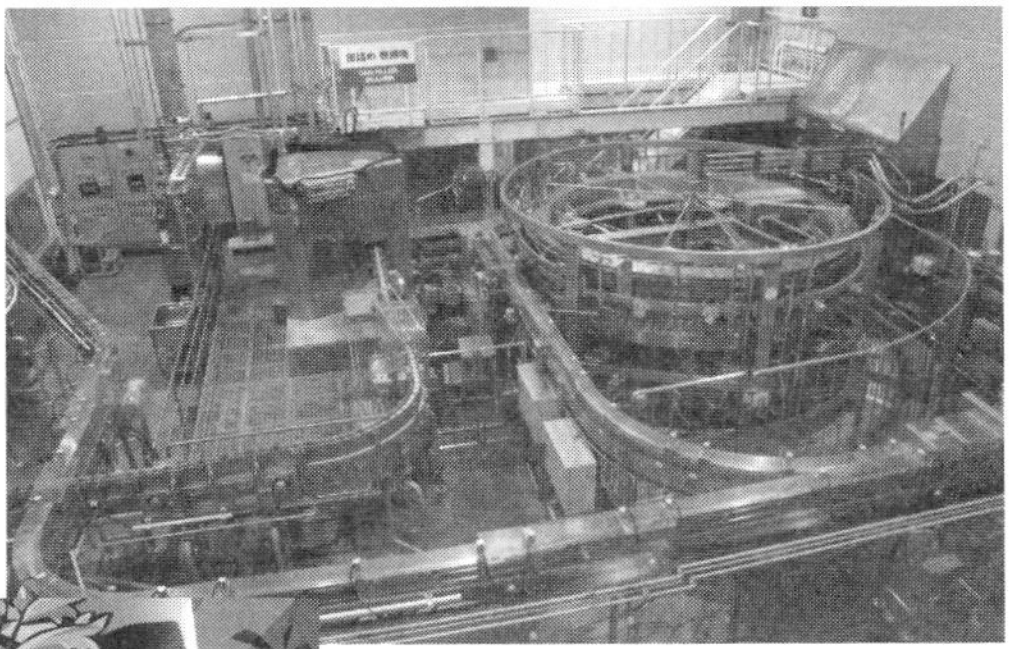

工場内部

工場内の壁面飾り

ビール運搬用の馬車

ガイダンスルームのトリックアート

❖エビスビール記念館（東京都渋谷区恵比寿四―二〇―一）

JR山手線恵比寿駅から線路沿いにしばらく歩くと恵比寿ガーデンプレイスです。旧エビスビール工場跡地に一九九四（平成六）年に誕生した複合施設です。お洒落な町並みの中にホテル、映画館、美術館、ジャズハウス、レストランなどがあり、人気スポットになっています。二〇一〇（平成二二）年、この一角のサッポロビール本社に隣接して「エビスビール記念館」が開館しました。

この記念館は二〇二三（令和五）年一〇月に閉館し、二〇二四年四月からは「YEBISU BREWERY TOKYO」としてリニューアルオープンします。「エビスの新たなブランド体験拠点」とのコンセプトが発表されており、楽しみです。

ここでは、リニューアル前の記念館について紹介します。

入口右手に黄金の缶ビールのモニュメントや青銅色の恵比寿像が置かれ、中央の長い階段奥には大きな恵比寿画像が迎えてくれます。まるで豪華ホテルのロビーという表現がぴったり。中央のコミュニケーションステージには赤銅色に輝くビール蒸留機（ポットスチル）が置かれています。ステージ左手のエビスギャラリーは、エビスビール誕生の一八九三年から現在までの歴史をたどった展示で構成されています。世界が認めたエビスビールとして一九〇〇年のパリ万国博覧会で金賞を受賞したビール瓶の実物、それを入れた木箱のほか、「エビスビール」と染め抜かれた法被やポスター、製品ラインナップなどを見ることが出来ます。ステージ右手にはミュージアム・ショップやテイスティングサロンがあり、有料ですがビールの試飲ができます。

エビスビール記念館

一八九〇（明治二三）年、日本麦酒醸造会社（現在のサッポロビール）はここ恵比寿で「恵比寿麦酒」を発売します。当時のビール業界は、札幌麦酒（サッポロビール）、日本麦酒（恵比寿ビール）、ジャパン・ブルワリー・カンパニー（麒麟ビール）、大阪麦酒（朝日ビール）の大手四社が激しい販売競争でしのぎを削っていましたが、一九〇三（明治三六）年に東京工場が完成した札幌麦酒はその二年後にはビール製造量で業界トップになります。やがて戦争となり「恵比寿麦酒」は消滅してしまいますが、一九七一（昭和四六）年、戦後初の国産麦芽一〇〇％のプレミアムビールとして復活し、以降エビスブランドを戦略的に位置づけています。

赤銅色に輝くビール蒸留機

青銅色の恵比寿像

法被やポスターの展示

黄金の缶ビールのモニュメント

❖サントリー九州熊本工場

（熊本県上益城郡嘉島町北甘木四七八）

九州自動車道嘉島ＪＣＴの南の熊本南工業団地の一角にサントリー九州熊本工場があります。ここではビールと清涼飲料を生産しています。

工場見学の最初は映像室へ案内されます。サントリーグループがいかに自然と水を大切にしているかを美しい自然の風景とともに解説していきます。映像が終わると窓越しに機械を見ながら進みます。途中にパネルがあり、「素材選び」ではビールの材料の麦芽、ホップの仕込みまでが解説されています。麦芽は二条麦芽を用い、さらにチェコと周辺国で産出されるダイヤモンド麦芽を加えることでより上質なコクとうまみが生み出されるとのことです。ホップは醸造家が厳選したヨーロッパ産を一〇〇％使用しており、チェコの農家への支援活動も行っているそうです。さらに、サントリーの代表的銘柄「ザ・プレミアム・モルツ」は、苦みが穏やかで香りが特徴のアロマホップを使用し、香りの高いファインアロマホップを加えていることが解説されています。また、ビール醸造にとって水がいかに重要であるかが説明されます。ビールの九〇％は水で構成されており、地下深くからくみ上げられた天然水で仕込むことで素材のうまみを引き出しているとのことです。地下水のできる様子を模型で説明し、地下での濾過の様子がパネルで示されています。

サントリー九州熊本工場

いよいよ工場機械の見学となります。まずはステンレス製の大型仕込み釜、仕込み槽です。原料をかき混ぜ麦汁を形成し、仕込み釜、仕込み槽で粉砕した麦芽に天然水を加え、濾過器で麦芽の殻を取り除き、最後に蒸留釜でホップを加えます。次が醗酵です。麦汁に酵母を加えると醗酵し、アルコールと炭酸ガスが生成されます。約一週間ほどで若ビールとなります。サントリーでは保有している多種多様な酵母からその製品に適した酵母を選んで使っています。酵母は酵母タンクの中で最適な環境のもと二四時間管理されています。酵母が加えられた麦汁はタンクの中で醗酵し、ビールになります。若ビールはタンクの中で貯蔵され、味わいが整っていきます。ちなみに貯蔵タンク一本に入るビールの量は、三五〇ミリ缶ビールで五〇万本となります。

次に濾過の段階に入ります。珪藻土濾過器と二次フィルターでビールの中のオリや酵母を完全に取り除きます。最後に官能検査があります。完成したビールを醸造家たちの目、口、鼻などの感覚器官によって官能検査を行います。五感を総動員して、色、味わい、香り、泡の状態などの品質をチェックします。

フィーラー室では、濾過され完成したビールを充填機で缶に詰め、蓋をしていきます。この充填機では一分間に三五〇ミリ缶を約一五〇〇本詰めることができます。

廊下の展示

最後は試飲のコーナーです。まずモルトビールが配られ、次に三種類のビールが配られます。色の違いと味わいの違いを消し去ることができます。

サントリーがビールを発売したのは一九六三（昭和三八）年と、ビールメーカーの中では後発です。二代目社長佐治敬三の「現状に満足せず絶えず成長する企業でありたい」との思いからビール醸造の大きな夢にチャレンジします。二〇〇五（平成一七）年には「ザ・プレミアム・モルツ」が日本で初めてモンドセレクションのビール部門で最高金賞を受賞し、その後三年間連続で最高金賞を受賞しました。

❖ オリオンビール名護工場
オリオンハッピーパーク

（沖縄県名護市東江二―二）

オリオンビールは、沖縄では圧倒的な人気と支持を得ている銘柄です。その製造工場を広く公開しています。

まず案内されるのが「まちあぐゎ」、昭和四〇年代の沖縄のどこにでもあった酒屋のジオラマです。戦後すぐの沖縄のごく一般的な店、昭和レトロ感たっぷりの雰囲気です。なんとなく懐かしい風景です。部屋の中央にちゃぶ台、コップ、菓子入れ、魔法瓶などが無造作に置かれています。周囲にはラジオと扇風機があり、店先には製氷機も置かれています。片隅にはオリオンビールの紙箱やつまみの瓶もみられます。

オリオンビール工場

さらに映像展示「オリオンレトロ館」で一九五八年から一九七四年までのオリオンビールの歴史が放映されます。東京オリンピックの決定を伝える地元紙の記事とオリオンビールの誕生を伝える記事がスクラップされた展示があります。続いてインストラクターの女性の案内で工場見学となります。

まず「ビールの始まり」では、原料・粉砕から仕込み、醗酵、貯酒、ろ過、ビン詰め、缶詰めなどビールの製造工程がパネルを使って説明されます。「材料を実際に触ってみる」のコーナーでは、大麦、麦芽、ホップの実物を手に取ることができます。

仕込みや醗酵のためのタンクは、大企業のビール工場と比べると小規模なものですが、いくつものタンクが並んでいるのは壮観です。また瓶詰め作業などはオートメーション化しており、搬出のトラックも頻

ポットスチル

工場内部

繁に出入りしています。まさに忙しい工場です。

見学の最後に試飲が待っています。ホップのきいた出来立てのビールが味わえます。

なお本稿は『ぶらりあるき沖縄・奄美の博物館』の取材時（二〇一四年）のデータをもとにしています。当時は無料開放されていましたが、二〇二三年四月からは入場料が必要になりました。

試飲コーナー

一昔前の酒屋のジオラマ

❖吉乃川クラフトビール　（新潟県長岡市摂田屋）

清酒「吉乃川」で知られる老舗の造り酒屋が二〇二〇（令和二）年から醸造しているクラフトビールが「摂田屋クラフト」です。酒ミュージアム（本書64頁）の一階奥に醸造場があり、ガラス越しに見学することができます。

摂田屋クラフトは法律上は「発泡酒」に分類されます。ビールには認められていない副原料であるコメ麹を原料に使用しているためで、それ以外の作り方や原料はビールと同じです。糖化タンクでビールの元となる「麦汁」を造り、粉砕された麦芽、副原料を加えて煮ることで糖化させます。ろ過タンクでは「きれいな麦汁」をつくります。堆積した麦芽自身がフィルターとなり、澄んだ麦汁を取り出し煮沸します。そこで、麦汁の殺菌・清澄、香味付けのため「ホップ」を加えます。麦汁をワールプールへ移し、タンク内にうずまきをつくり煮沸工程で発生したカスを中心に集めて分離します。その後、設計した麦汁になっていることを確認します。ここまでの工程に要する時間は六～七時間です。この後、麦汁冷却器に入れ、醗酵タンクで「ビール酵母」を加え約一カ月醗酵させて完成です。

完成した製品は、ミュージアム内のＳＡＫＥバーでたのしむことができます。

工場内部

❖伊丹長寿蔵ビール醸造施設

（兵庫県伊丹市中央三―四）

白雪ブルワリービレッジ長寿蔵（本書17頁）を一九九五（平成七）年に開設した際、ビールの製造も開始しました。クラフトビール「KONISHI」は二〇一一年以来世界的コンテストで三年連続で金メダルを受賞しています。「スノーブロンシェ」「ブラックエール」「ジャパンエール」のほか、江戸時代のレシピを再現したという「幸民麦酒」はぜひ飲んでみたいビールです。一階右手奥に設置されている小型のビール醸造施設は自由に見学できます。

❖いわて蔵ビール

（岩手県一関市田村町五―四二）

一九九五（平成七）年に立ち上げた「いわて蔵ビール」は、世嬉の一酒造の酒造りの技と醸造士の経験と知識により生まれたクラフトビールブランドです。これまで多くの国際大会で受賞し、高い評価をえています。定番の八種に加え、さまざまなシーンで楽しめる、季節限定ビールなど種類も豊富。オーダーメイドビール注文も可能で、オーガニックビール醸造も人気です。いわて蔵ビールは、岩手の良さ・すばらしさをビールを通して届けるというミッションのほかに、根底では、「世の人々が嬉しくなる一番の酒を目指す」という理念をもって醸造しています。

伊丹長寿蔵ビール醸造施設

いわて蔵ビール

工場見学は私一人でした。クラストンと呼ばれる石蔵の半分を利用してビール工場になっています。ビール工場に見られるポットスチルは奥の別棟に置かれていますが、大規模なものではありません。見学は、クラストン二階の見学用通路から醸造タンクを見下ろすもので、醸造工程のすべてが見られるものではありません。階段は苦手であると伝えると、一階通路のガラス窓ごしに見学できるところに案内されました。そこでビール醸造についての説明を受けました。ここから奥のポットスチルも見ることが出来ました。

❖霧島ブルワリー　（宮崎県都城市志比田町五四八〇）

一九九八（平成一〇）年に、霧島ファクトリーガーデン（志比田工場内）に本格的地ビールが楽しめる「霧の蔵ブルワリー」がオープンしました。ビールの醸造機械は正面奥にガラス張りの中に据えられており、自由に見学できるようになっています。またガラス窓と通路を挟んで、ビールについてのうんちくがあれこれと書かれた落書き風のパネル展示も行われています。またレストランでは出来立てのクラフトビールを味わえるようにもなっており、ブルワリーの売店でもすべての銘柄が販売されています。

ビールの醸造機械

ビールの醸造設備

ウィスキーの博物館

ウィスキーは、大麦・ライ麦・とうもろこしなどの穀物を主原料とし、麦芽の酵素を利用してデンプンを糖化しアルコール醗酵させ蒸留したものです。アイルランドやスコットランドで古くから造られていたといわれています。原材料によって、モルトウィスキー（大麦麦芽一〇〇%）、グレーンウィスキー（とうもろこし・ライ麦・小麦などが主原料）、ブレンドウィスキー（モルトウィスキーとグレーンウィスキーをブレンドしたもの）などがあります。また産地によって、スコッチウィスキー、アイリッシュウィスキー、アメリカンウィスキーなどがあります。

ウィスキーの原料は麦芽で、麦芽の原料は二条大麦です。まず二条大麦を適度に発芽させ、酵素を蓄えた大麦麦芽を造ります（**製麦**）。この時ピートで薫じた麦芽は、燻製のようなスモーキーフレーバーをまとい、原酒の個性となります。

地下天然水を温め仕込み水とし、粉砕した大麦麦芽とともに仕込み槽へ。麦芽中の酵素作用ででんぷんを糖に変化させます。この工程で出来上がった糖化液を麦汁と呼びます。次は醗酵です。麦汁を適温まで冷まし醗酵糟へ。酵母を加えて醗酵させると麦汁の糖がアルコールと炭酸ガスに分解されて「もろみ」ができます。そのアルコール度数は約七％です。

蒸留では、「もろみ」をポットスチル（単式蒸留機）へ。沸点の差を利用し、アルコールの香味を濃縮、二回の蒸留（初留、再留）から「ニューポット」を造ります。生まれたてのウィスキーはアルコール度数六五～七〇％で無色透明です。大きさや形状の異なるポットスチルを使い分けることでも多彩な原酒が生まれます。

貯蔵では、無色透明な「ニューポット」を木樽に移して五年、一〇年、三〇年、五〇年と貯蔵します。この長い貯蔵の間に琥珀色に色づき味わいを深めていきます。原酒は、樽ごとの熟成のピークを迎えるまで四季の変化の中で時を重ねていきます。ウィスキーの熟成に使用される樽の大きさや樽材、使用履歴などの違いで、ウィスキー原酒の個性が異なります。貯蔵庫の温度、湿度、さらには樽を寝かせる場所の違いさえ個性につながり、同じ熟成年数のウィスキーでも個性は異なってくるようです。

樽で熟成された多様なウィスキー原酒はブレンダーが一つひとつをテイスティングし、配合が決定されます。多様な味わいはブレンダーの匠の技によって生み出されています。

ヒースなど二条大麦の湿原植物が自然堆積してできた泥炭をピートと呼びます。ピートは麦芽の乾燥用燃料として用いられ、乾燥の際に煙臭（スモーキーフレイバー）が麦芽に付きます。モルトウィスキーは、この煙臭が特徴の一つとなっています。

長く貯蔵する間に透明から変化、量も減少する

ピート（ニッカミュージアム）

パテントスチル（連続式蒸留機）は、スコッチウイスキーのブレンド用グレーンウィスキーやアメリカンウィスキーの製造などに使用されます。単式蒸留機（ポットスチル）よりもアルコール濃度が高く、不純物の少ない蒸留酒を造ることができますが、反面原料の特質が失われてしまいます。

ポットスチルは、主にブランデーやモルトウィスキーの製造に使用されます。アルコール以外のほかの揮発成分も蒸留されるので、原料特有の香気、成分に富んだきわめて個性の強い蒸留酒となります。

❖ ニッカウヰスキー　ニッカミュージアム

（北海道余市郡余市町黒川町七―一三三）

ニッカウヰスキーの生産工場を広く一般に公開している施設です。JR函館本線余市駅を降りると正面に石造りの蒸留所の建物が見えます。工場見学のガイドツアーに参加しました。

公開されている施設は、ビジターセンター、旧事務所、蒸留棟、発酵棟、旧竹鶴邸、ウィスキー館などで、全体の面積は一五ヘクタールあります。ガイドツアーに申し込むとビジターセンターへ案内されます。ここは建物自体が登録文化財、近代化遺産に登録されています。「ようこそニッカウヰスキー創業の地　余市蒸留所」と書かれた垂れ幕、余市蒸留所でのウィスキー製造工程などのパネル展示、座席数二〇席程度のレクチュアスペースがあります。

ビジターセンターを出ると、まず乾燥塔（キルン塔）前で製造工程の説明があります。ここは発芽した大麦をピートでいぶしながら乾燥させ麦芽を造る施設です。現在は使用されていませんが、二基のキルン塔は余市蒸

ニッカウヰスキー余市蒸留所入口

留所のシンボルで重要文化財に指定されています。製造工程に従えば次は粉砕・糖化棟、発酵棟となりますが、訪問時は落雪の恐れがあったのでこれらは簡単な解説にとどめ、先に進みました。

次に蒸留棟です。ここには単式蒸留機（ポットスチル）が七基並んでおり、昔ながらの石炭による直火蒸留が行われています。ここで温度調節など熟練の技によって芳しい香りと強い味を醸し出されます。実際に石炭燃料を入れる作業を真近で見ることができました。なお竹鶴政孝の時代に用いていたポットスチルは奥から三つ目のものだということでした。

蒸留棟の次は混和棟です。蒸留後のウィスキー原液はここで樽に詰められます。熟成を終えたウィスキーを樽から取り出し、混和作業もここで行われます。

旧事務所は、ニッカウヰスキーの創始者である竹鶴政孝の執務室として一九三四（昭和九）年に建設されました。余市の工業発展の足跡が残る文化遺産として、登録文化財、町指定文化財に指定されています。室内には入れませんが、白いカバーが掛けられた応接セットや調度品などを外部からガラス越しに見ることができます。

リタハウスは、創業前の一九三一年に建てられた施設で、一九八四年までの約五〇年間、ウヰスキーの研究室として使用されました。

旧竹鶴邸は、一九三五（昭和一〇）年に竹鶴政孝・リタ夫妻の住居として工場内に建設されました。後に余市市内に移されますが、二〇〇二（平成一四）年にふたたび工場内に移築されています。重要文化財、近代化遺産に登録されています。

切妻様式の平屋の建物が林立する貯蔵庫群があります。そのうちの第一号貯蔵庫が、製造工程最後の見学場所になります。この倉庫は創業時に建てられたもので、この場所は余市川の中州でした。床は地のまで適度な湿度が保てるように、また外壁は石造りで夏でも冷気を保てるように設計されています。

蒸留棟のポットスチル

ウィスキー工場

釜焚きの様子

旧事務所

竹鶴政孝像

第一号貯蔵庫とその内部

一九九八（平成一〇）年にウイスキー貯蔵庫二棟を改装して開設されたウヰスキー博物館が、二〇二一（令和三）年に「ニッカミュージアム」としてリニューアルオープンしました。「ブレンダーズ・ラボ」「ストーリー・オブ・ニッカウヰスキー」「ディスティラーズ・トーク」「テイスティング・バー」「竹鶴イズム」の各コーナーがある見学施設です。

ウイスキー造りの時間の流れをブレンダーに焦点を当てて紹介する「ブレンダーズ・ラボ」の中央には千葉県柏市にあるブレンダーテーブルを再現し、ブレンダーの毎日を体感することができるようになっています。さらにニッカウヰスキーを代表する四つのブランド（「余市」「竹鶴」「ブラックニッカ」「フロム・ザ・バレル」）の展示を通じてニッカウヰスキーの力に触れる見学施設となっています。

かつてのウイスキー博物館には「ウヰスキー館」と「ニッカ館」があり、ウヰスキー館のエントランス・ホールを入ると、周囲の棚に醸成に使われる樽が並べられ、ポットスチルが赤銅色に輝いているのが見えました。奥にはひげを蓄えたおなじみの「ひげのニッカ」の人物像が掲げられていました。ウイスキーの製法や道具類の展示では、ウイスキーの熟成に重要な役割を果たす樽の原料となる木材や道具の実物が見られました。さらにウイスキーの種類、ウイスキーに関する様々な知識、情報、ウイスキーの楽しみ方なども説明されていました。スコットランドのパブを復元したスペースには世界中の主なウイスキーの瓶がずらりと並べられ、そこでウイスキーの試飲もできました。

新しいニッカミュージアムでも、スペース中央にポットスチルが置かれ、蒸留から長い年月の貯蔵を経て生まれるウイスキーの様々を試飲できるコーナー（有料）もあります。

次に「竹鶴イズム」の展示コーナーに入ります。ニッカウヰスキー創業者で「日本のウイスキーの父」と呼ばれる竹鶴政孝の生い立ち、スコットランド留学、ニッカ創業の歴史を紹介する展示があります。

かつての「ニッカ館」では、竹鶴政孝の足跡を探る展示、竹鶴・リタ夫妻の遺品などがケースに収めら

ウィスキーの博物館

ニッカミュージアムの展示室

ニッカミュージアム入口

「リタの想い出」

「大日本果汁」時代のレッテル

かつてのウィスキー博物館の展示室

れていました。様々な困難を克服して竹鶴と結婚したリタ夫人の生い立ちから出会い、さらにその後の軌跡をパネルで紹介し、夫人の実家であるスコットランドのカウン家のリビングをアンティーク家具などを用いて復元していました。

日本に帰国した竹鶴は一九三四年、余市に大日本果汁株式会社を設立し、苦難の歴史を乗り越えて理想的なウィスキーを造りあげていきます。またサントリーウィスキー大山崎蒸留所の設計図（青図）も見ることができ、「日本のウィスキーの父」と呼ぶにふさわしい人物であることがわかります。

ちなみに現在の社名の「ニッカ」は、「大日本果汁」の日本（ニッ）と「果汁」の（カ）をとったものです。

なおニッカウヰスキーでは、余市蒸留所のほかに宮城県仙台市に川内工場、宮城峡蒸留所があります。

❖サントリー ウィスキー博物館（山梨県北杜市白州町鳥原二九一三）

JR中央線小淵沢駅からタクシーか専用バスで約三〇分で、南アルプスの麓に広がるサントリーウィスキー白州の森に到着します。ここにはサントリーウィスキー白州蒸留所およびサントリー天然水南アルプス白州工場、ウィスキー博物館、セントラルハウス、バードサンクチュアリなどの施設があります。

ビジターセンターから広い敷地に入ります。白州蒸留所のガイドツアーは抽選に外れてしまったので、工場見学なしのコースになりました。場内は紅葉真っただ中で、まるで山々の木々が燃えているようです。ひたすら

ウィスキー博物館

紅葉の森を歩くとウィスキー博物館です。日本で最初のウィスキー博物館とされています。

一九二三（大正一二）年、京都山崎の天王山麓に日本初のウィスキー蒸留所・山崎工場が開かれた際、双頭のキルン（乾燥塔）がシンボルとしてそびえていました。その双頭のキルンをモチーフに建てられたのがこの博物館です。

キルンでピートの微妙な香りを焚き込めて乾燥させた大麦は、その後仕込み、醗酵、蒸留を経て貯蔵熟成という長い旅路につき、薫り高くまろやかなウィスキーへと育っていきます。

博物館は一九七九（昭和五四）年に完成しました。入口正面には、単式蒸留機（ポットスチル）がかつての姿で復元されています。サントリーウィスキー「白札」に始まる初期のウィスキーをつくり続けてきたポットスチルです。表面の丸い痕跡は釜のカーブを出すためにハンマーで叩いてつけられたもので、焚口とレンガの台は当時の資料から復元されたものだそうです。このポットスチルの前の長いテーブルにはウィスキーの製造工程が小さな模型で示されています。

ポットスチルの前方のミーテングルームは、ガイド付きコースの最初に講義を受ける場所で、大きなスクリーンと座席があります。奥の壁面には樽貯蔵の様子、樽造りの材料と道具の展示も見ることができます。

続く展示室では「ようこそ白州蒸留所、森の蒸留所へ」という言葉から始まります。南アルプスの自然の恵みが美しいカラー写真パネルで説明され、次いで創業者鳥井信治郎の紹介があり、赤玉ポートワインからの歴史が解説されています。次の展示室では白州ウィスキーの計画段階の写真、現状などの紹介があります。最後のコーナーでは「ウィスキーづくりに、なぜ森を守り水を育む活動なのか」という疑問に答えています。なお二、三階フロアと展望台は残念ながら公開されていませんでした。

セントラルハウスは、博物館に隣接する建物です。ショップと試飲場があり、ショップでは、この蒸留

入口正面の単式蒸留機（ポットスチル）

ミーティングルーム

樽造りに使う道具

セントラルハウス

「白州」の展示

所の製品中心に販売されていますが、人気のウィスキー「白州」は一人一銘柄一本限定となっていました。広大な敷地の奥には、天然水アルプス白州工場などの建物群が続いていますが、見学できるのはここまでで、シャトルバスの時間を気にしながら帰路につきました。

❖サントリー 山崎ウィスキー館（大阪府三島郡島本町山崎五—二）

ＪＲ京都線、東海道新幹線で大阪から京都へ向かう途中、車窓からもサントリーウィスキー大山崎蒸留所が大きく見えます。

山崎ウィスキー館は大山崎蒸留所入口正面にある建物です。ここはかつて瓶詰めの場所として使用されていた建物を復元、補修して生まれ変わったもので、近代化産業遺産に指定されています。受付でパンフレットが渡され、館内で自由にお過ごしくださいと案内されます。

壁面のパネル展示の最初は「夜明け前、序章、鳥井信治郎と山崎蒸留所誕生前」です。次いで一八七九年からの「星雲の志」がはじまります。ここでは「日本にもウィスキーの時代が来る。鳥井信治郎はそう信じた」と記述されています。二〇歳で自分の店を持ち赤玉ポートワインを売り出します。そこで日本人に合う香味を磨く一方で、大胆な発想のポスターや新聞広告で世に広く赤玉を知らしめるという手法をとり、成功を収めました。赤玉で得た資金を元手に国産初の本格的ウィスキー製造を目指します。ここではパネルとともに赤玉ポートワインのボトルが展示されています。「なぜ、山崎をウィスキーづくりの舞台に選んだのか」では、万葉の昔から名水の地であり古くから交通の要衝

サントリーウィスキー大山崎蒸留所

の地であることが記されています。

レンガの壁で仕切られた狭い展示室は、ウィスキー誕生がテーマになります。「国産初の本格モルトウィスキー誕生へ」では大山崎蒸留所の設計図などの貴重な資料が展示されています。「開拓者精神」では一九二九（昭和四）年の国産初の本格的ウィスキー「白札」に至るまでを「へこたれず、あきらめず、しつこく信治郎の挑戦が続いた」と紹介しています。

「日本人の繊細な味覚に合うウィスキーを」のコーナーでは、かつて売り出した当時のポスターが四枚貼られ、「トリスバー」「洋酒天国」と続くブームを生み出していく様子がよくわかります。「やがて戦後の洋酒文化が花咲く」のコーナーでは、当時のウィスキーが並んでいます。最後のコーナーでは「魂の継承」がテーマとなり、信治郎、信三、信吾と続くマスターブレンダー三代のものづくりについてが解説されています。

山崎ウィスキー館

創業期からサントリーウィスキーが歩んできた歴史を様々な展示品から体験したのち、ウィスキーのサンプルが所狭しと並ぶコーナーに出ます。またこのフロアの中央には試飲受付があります。
二階には歴代の「山崎」の年代物が並んでおり、「山崎」の「崎」の文字の右半分は「寿」になっていることが説明されています。また、日本最古のモルトウィスキー蒸留所「山崎蒸留所」におけるウィスキーづくりへのこだわりやシングルモルトウィスキー「山崎」誕生秘話など、革新し続けるサントリーウィスキーの技術が解説されています。ギフトショップではサントリーウィスキーの製品と土産用の記念品などが販売されていました。
大山崎蒸留所は一九二三（大正一二）年に建設を始め、翌年には操業を開始しています。「白札」（一九

タンブラー、コップの展示

展示室

「山崎」の展示

「崎」の右半分は「寿」

ギフトショップ

二九年）、「角瓶」（一九三七年）、「山崎」（一九八四年）などのジャパニーズ・ウィスキーがここで造られています。

なおサントリーウィスキーでは、白州、大山崎のほかにも知多蒸留所（愛知県知多市）があります。

むすびにかえて

思い起こせば、まだ若き頃、発掘調査での宿舎で行われた「酒盛り（反省会）の夕べ」は忘れることが出来ない青春の思い出の一コマです。ビール、酒、焼酎、ウィスキーというあらゆるアルコール飲料がかわるがわる机上に並べられ、おおよそ二日酔いなどという苦しみを味わったことがない若者にとってはすべてが美酒であり毒酒だったのです。二日酔い、三日酔いという苦しみを経験するたびに、自分の限界を悟ったものでした。

その酒は誰がどのように造っているのかはほとんど関心がありませんでしたが、考古学に目覚め、それを専門とする研究者の一員となってからは、醸造に関する関心が高まっていきました。しかし一書をまとめるまでにはなりませんでした。

今般、ようやく原稿ができましたが、読み返してみると何とも心許ないものになっているようで汗顔の至りと云わざるを得ません。各地の酒蔵訪問で得た多くの知識が本書に生かされていれば幸いです。

最後になりましたが、各蔵元には突然の訪問にもかかわらず、温かく迎え入れていただき種々ご教示を賜ったことは感謝にたえません。また冨加見泰彦・百合子夫妻、南正人、中村卓司、出口孝志氏には、酒蔵見学に同行していただき、有益な助言を頂戴し、芙蓉書房出版代表平澤公裕氏にはいつもながら大変お世話になりました。ここに厚く感謝します。

中村浩（浩道）

令和六年二月吉日

著　者
中村　浩（なかむら ひろし）
大阪大谷大学名誉教授、和歌山県立紀伊風土記の丘前館長
1947年生まれ。同志社大学大学院文学研究科文化史学専攻中途退学。博士（文学）。著書に『和泉陶邑窯の研究』（柏書房、1981年）、『和泉陶邑窯出土須恵器の型式編年』（芙蓉書房出版、2001年）、『須恵器』（ニューサイエンス社、1980年）、『古墳文化の風景』（雄山閣、1988年）などの考古学関係書のほか、2005年から「ぶらりあるき博物館」シリーズを執筆刊行。既刊は、パリ、ウィーン、ロンドン、ミュンヘン、オランダのヨーロッパ編5冊、マレーシア、バンコク、香港・マカオ、シンガポール、台北、マニラ、ベトナム、インドネシア、カンボジア、ミャンマー・ラオス、チェンマイ・アユタヤ、ソウル、釜山・慶州、済州島、沖縄・奄美、北海道のアジア編16冊（以上、芙蓉書房出版、2005～2023年）。

ぶらりあるき お酒の博物館

2024年4月5日　第1刷発行

著　者
中村《なかむら》　浩《ひろし》

発行所
㈱芙蓉書房出版
（代表 平澤公裕）
〒113-0033東京都文京区本郷3-3-13
TEL 03-3813-4466　FAX 03-3813-4615
http://www.fuyoshobo.co.jp

印刷・製本／モリモト印刷

Printed in Japan　ISBN978-4-8295-0878-7